W0172063

Dieses kleine Lesebuch, zusammengestellt aus Anlass des 75. Geburtstages des berühmtesten Wissenschaftlers unserer Zeit am 8. Januar 2017, präsentiert in Selbstzeugnissen zum einen den privaten Stephen Hawking, Kindheit, Studium, Karrierebeginn und sein Leben mit ALS, zum anderen sein wissenschaftliches Credo in ausgewählten Texten.

Hawkings Aufsatz «Informationserhaltung und Wettervorhersage für Schwarze Löcher» und der Essay «Die Haare der Schwarzen Löcher» von Bernd Schuh werden hier zum ersten Mal in einer Printausgabe publiziert.

Stephen Hawking wurde 1942 geboren. 1962 erfuhr er, dass er an ALS leide und nur noch wenige Monate zu leben habe. Trotzdem setzte er seine Studien fort und ging an die Universität Cambridge, wo ihm freie Hand für seine einflussreichen Arbeiten, insbesondere über Schwarze Löcher, gelassen wurde. Dreißig Jahre lang war er «Lucasischer Professor für Mathematik» – auf dem Lehrstuhl, den schon Isaac Newton innehatte.

Siehe auch die Biographie am Ende des Bandes.

Bernd Schuh wurde 1948 geboren, studierte Physik und Mathematik in Köln, wurde promoviert in Theoretischer Festkörperphysik und habilitierte sich in Theoretischer Physik. Er arbeitete als Wissenschaftler und Dozent in Köln und Kalifornien und danach als Journalist, Publizist, TV-Moderator, Hörfunk- und Buchautor. Er ist Träger des Georg-von-Holtzbrinck-Preises für Wissenschaftsjournalismus und des Deutschen Jugendliteraturpreises. Er lebt in Köln.

Stephen Hawking

«EINE WUNDERBARE ZEIT ZU LEBEN»

Mit einem Essay von
Bernd Schuh

Aus dem Englischen von
Hainer Kober und Bernd Schuh

Rowohlt Taschenbuch Verlag

1. Auflage Januar 2017
Copyright der deutschsprachigen Ausgabe
© 1993, 2010, 2013, 2014, 2017 by Rowohlt Verlag GmbH,
Reinbek bei Hamburg
«My Brief History» Copyright © 2013 by Stephen Hawking
«Black Holes and Baby Universes and Other Essays»
Copyright © 1993 by Stephen Hawking
«The Grand Design» Copyright © 2010 by Stephen Hawking
«Information Preservation and Weather Forecasting for Black Holes»
Copyright © 2013 by Stephen Hawking
Übersetzung der ausgewählten Texte
von Stephen Hawking: Hainer Kober
Übersetzung von «Informationserhaltung und
Wettervorhersage für Schwarze Löcher»: Bernd Schuh
Lektorat Frank Strickstrock
Satz aus ITC Stone PostScript, InDesign
Gesamtherstellung CPI books GmbH, Leck, Germany
ISBN 978 3 499 63235 8

INHALT

VORWORT

STEPHEN HAWKING ist zweifellos der berühmteste Wissenschaftler unserer Zeit. Ein Meister der kreativen Übertragung und eleganten Vereinfachung, der Mann, der Astrophysik und Kosmologie weltweit populär gemacht hat und dazu auch so schwierige Gebiete wie die Relativitätstheorie und die Quantenphysik. Ein Wissenschaftler von außerordentlichem Charisma, dessen Faszination, wie er selbst verschiedentlich anmerkte, sich auch dem frappierenden Gegensatz zwischen seinem bewegungsunfähigen Körper und seinem weit ausgreifenden Geist verdankt. Bis heute verblüfft er die Fachwelt und die breite Öffentlichkeit mit neuen, erklärenden Variationen zu seinem großen Thema, den Schwarzen Löchern, kollabierte Sterne, deren Gravitationskraft so groß ist, dass sie alles in sich hineinziehen, was in ihr Schwerefeld gerät. Ist das wirklich so? Und was passiert dann damit? Zwei große Fragen, die Hawking seit Jahrzehnten beschäftigen. Zumal eine noch größere Frage dahintersteht: Welche Rolle spielen Schwarze Löcher für die Auseinandersetzung mit der Tatsache, dass Einsteins Allgemeine Relativitätstheorie und die Quantentheorie den Makrokosmos und den Mikrokosmos mit unterschiedlichen Naturgesetzen ausstatten, die zueinander einstweilen nicht passen wollen?

Zum Anlass von Stephen Hawkings 75. Geburtstag ist dieses kleine Lesebuch entstanden. Es ist für jene Leserinnen und Leser gedacht, die sich entweder einige wichtige Stationen in Leben und Werk des großen Physikers noch einmal vor Augen führen möchten – oder aber anhand von einigen seiner wichtigsten Texte Zugang finden möchten zu Stephen Hawkings Universum. Deshalb beginnt das Buch mit autobiographischen Schilderungen seiner Kindheit und Jugend und mit einer Frage, die viele seiner Leser immer wieder bewegt hat: Wie lebt Stephen Hawking mit seiner ALS-Krankheit, die ihn mit zwanzig zu lähmen begann und dann zum Leben und Arbeiten im Rollstuhl zwang? Auch in seinem wunderbaren Text am Schluss des Buches gibt er in einer kurzen Lebensbilanz darauf eine bewegende Antwort.

Neben dem persönlichen Credo steht das wissenschaftliche, durch die ausgewählten drei Texte angesichts eines reichen publizistischen Schaffens selbstverständlich nur episodisch darstellbar. Die Frage, was denn eigentlich die Wirklichkeit ist, beschäftigt nicht nur Philosophen seit Jahrtausenden, sondern immer auch die moderne Physik. Ohne sie zu beantworten, ist es kaum möglich zu klären, worauf wissenschaftliche Erkenntnis sich bezieht. Stephen Hawking gibt hier seine Antwort darauf. Die beiden weiteren Texte sind ein früheres und ein aktuelles Beispiel für Hawkings Auseinandersetzung mit Schwarzen Löchern, deren Bedeutung für die theoretische und praktische Physik Hawking schon erkannte, als viele das Phänomen noch gar nicht akzeptiert hatten.

Der zweite Text, «Informationserhaltung und Wettervorhersage für Schwarze Löcher», ist zugleich ein Beispiel dafür, wie Physiker schreiben, wenn sie «unter sich» diskutieren. Er bedarf also der Erklärung. Der Physiker und Autor Bernd Schuh, für den Rowohlt Verlag als Fachlektor für Physik und Mathematik tätig, gibt sie in dem darauf folgenden Essay. Mehr noch erklärt er, was man über Schwarze Löcher wissen muss, und beschreibt Hawkings Auseinandersetzung damit bis zu seinem jüngsten Aufsatz über das Thema aus dem Jahr 2016. Eine erhellende Lektüre. Diese beiden Texte sind bisher allein als E-Book erhältlich gewesen und erscheinen hier zum ersten Mal im Druck.

Woher kommen wir? Wer sind wir? Wohin gehen wir? – Menschheitsfragen, die der Maler Paul Gauguin 1897 in sein berühmtes Bild gefasst hat. Es sind Fragen, die uns alle beschäftigen, Fragen nach dem Sinn und dem Ziel des Lebens. Für die Welt der Physik, der Kosmologie, hat Stephen Hawking sein eigenes Bild dazu entworfen. Hier sind einige interessante Ausschnitte daraus. Mögen sie die Neugier wecken auf das Ganze.

Frank Strickstrock

KINDHEIT

MEIN VATER FRANK stammte aus einer Familie von Pachtbauern in Yorkshire. Sein Großvater John Hawking, mein Urgroßvater, war ein wohlhabender Landwirt. Doch er hatte zu viele Höfe gekauft und verlor sein ganzes Vermögen in der landwirtschaftlichen Depression zu Beginn des zwanzigsten Jahrhunderts. Sein Sohn Robert – mein Großvater – versuchte, seinem Vater zu helfen, machte aber selbst Bankrott. Zum Glück besaß Roberts Frau ein Haus in Boroughbridge, in dem sie eine Schule betrieb und für ein bescheidenes Einkommen sorgte. So ermöglichten sie es ihrem Sohn, in Oxford Medizin zu studieren. Mein Vater bekam eine Reihe von Stipendien und Preisen, die ihm erlaubten, seinen Eltern etwas Geld zurückzuschicken. Dann wandte er sich der Tropenmedizin zu und ging 1937 im Rahmen seiner Forschungsarbeiten nach Ostafrika. Bei Kriegsbeginn reiste er auf dem Landweg quer durch Afrika den Kongo-Fluss hinab, gelangte per Schiff nach England und meldete sich freiwillig zum Militärdienst. Man teilte ihm jedoch mit, er werde dringender in der medizinischen Forschung gebraucht.

MEINE MUTTER stammte aus Dunfermline in Schottland und wurde als drittes von acht Kindern eines praktischen Arztes geboren. Das älteste war ein Mädchen mit Downsyndrom und lebte getrennt von der Familie in Pflege, bis es mit dreizehn Jahren starb. Als meine Mutter zwölf war, zog die Familie ins südlich gelegene Devon. Wie die Familie meines Vaters war auch die meiner Mutter nicht sehr begütert. Trotzdem ließ sie meine Mutter in Oxford studieren. Nach dem Studium arbeitete sie in verschiedenen Berufen, unter anderem als Finanzinspektorin, was ihr nicht gefiel. Sie gab diese Stellung auf und wurde Sekretärin. In dieser Funktion lernte sie Anfang des Krieges meinen Vater kennen.

ICH wurde am 8. Januar 1942 geboren, genau dreihundert Jahre nach Galileis Tod. Aber ich schätze, dass noch ungefähr zweihunderttausend andere Kinder an diesem Tag geboren worden sind. Ob sich eines von ihnen später für Astronomie interessierte, weiß ich nicht.

Ich kam in Oxford zur Welt, obwohl meine Eltern in London wohnten. Das hatte einen guten Grund: Die Deutschen hatten versprochen, Oxford und Cambridge mit ihren Bomben zu verschonen. Im Gegenzug hatten sich die Engländer bereit erklärt, Heidelberg und Göttingen nicht zu bombardieren. Es ist sehr schade, dass man derart zivilisierte Vereinbarungen nicht für mehr Städte hat treffen können.

Wir lebten in Highgate, im Norden Londons. Achtzehn Monate nach mir wurde meine Schwester Mary geboren. Es heißt, ich sei über diesen Zuwachs nicht sehr erfreut gewesen. Unsere ganze Kindheit hindurch gab es eine gewisse Spannung zwischen uns, die durch den geringen Altersunterschied genährt wurde. Später, als wir erwachsen wurden und verschiedene Wege gingen, hat sich das gelegt. Sehr zur Freude meines Vaters wurde sie Ärztin.

Meine Schwester Philippa wurde geboren, als ich fast fünf war und besser begreifen konnte, was vor sich ging. Ich weiß noch, dass ich mich auf ihre Geburt freute, wegen der Aussicht, zu dritt spielen zu können. Sie war ein sehr lebhaftes und aufgewecktes Kind. Ich habe immer viel auf ihr Urteil und ihre Meinung gegeben. Wesentlich später wurde mein Bruder Edward adoptiert. Ich war damals vierzehn, sodass er kaum noch eine Rolle in meiner Kindheit gespielt hat. Er entwickelte sich ganz anders als wir anderen drei. Seine Interessen waren nicht im Geringsten akademischer und intellektueller Natur. Wahrscheinlich war das gut für uns. Er war ein recht schwieriges Kind, aber man musste ihn einfach gernhaben. 2004 starb er aus nie ganz geklärten Ursachen; höchstwahrscheinlich wurde er von den Dämpfen des Klebstoffs vergiftet, den er für die Renovierung seiner Wohnung verwendete.

IN MEINER frühesten Erinnerung stehe ich im Kindergarten Byron House in Highgate und schreie mir die Lunge aus dem Hals. Um mich herum spielten Kinder mit, wie mir schien, herrlichem Spielzeug. Ich wollte mitspielen, aber ich war erst zweieinhalb Jahre alt und zum ersten Mal allein bei Menschen, die ich nicht kannte, und hatte Angst. Ich glaube, meine Eltern hat meine Reaktion ziemlich überrascht. Da ich ihr erstes Kind war, hatten sie kluge Bücher über die frühkindliche Entwicklung gelesen, in denen stand, dass Kinder ihre ersten sozialen Kontakte mit zwei Jahren knüpfen. Dennoch nahmen sie mich nach jenem schrecklichen Morgen aus der Tagesstätte und schickten mich erst anderthalb Jahre später wieder hin.

Damals, während des Krieges und kurz danach, war Highgate eine Gegend, in der viele Wissenschaftler und Akademiker lebten. (In einem anderen Land hätte man sie als Intellektuelle bezeichnet, aber die Engländer haben niemals zugegeben, dass es unter ihnen Intellektuelle gibt.) Alle diese Eltern schickten ihre Kinder in die Byron House School, die für damalige Verhältnisse sehr fortschrittlich war.

Ich weiß noch, dass ich mich bei meinen Eltern beklagte, man bringe mir dort nichts bei. Die Lehrer dieser Schule glaubten nicht an die damals üblichen Methoden, Kindern den Stoff einzutrichtern. Stattdessen sollten wir lesen lernen, ohne zu merken, dass es uns beigebracht wurde. Schließlich lernte ich tatsächlich lesen, allerdings erst, als ich bereits mein achtes Lebensjahr erreicht hatte. Meine Schwester Philippa lernte nach eher herkömmlichen Methoden lesen, mit dem Ergebnis, dass sie es mit vier Jahren konnte. Aber sie war damals sowieso eindeutig klüger als ich.

Wir wohnten in einem hohen, schmalen Haus aus Viktorianischer Zeit, das meine Eltern während des Krieges billig erworben hatten, als alle Welt glaubte, London würde unter dem Bombenhagel dem Erdboden gleichgemacht. Tatsächlich schlug nur wenige Häuser weiter eine V2-Rakete ein. Ich war zu diesem Zeitpunkt mit meiner Mutter und meiner Schwester unterwegs, aber mein Vater war zu Hause. Glücklicherweise wurde er nicht verletzt und das Haus nicht sonderlich beschädigt. Allerdings befand sich noch jahrelang ein großes Ruinengrundstück in unserer Straße, auf dem ich mit meinem Freund Howard spielte, der drei Häuser weiter in die andere Richtung wohnte. Howard war für mich eine Offenbarung, weil seine Eltern keine Intellektuellen waren wie die Eltern aller anderen Kinder, die ich kannte. Er besuchte die staatliche Grundschule, nicht Byron House, und kannte sich in Fußball und Boxen aus, Sportarten, für die sich meine Eltern nicht im Traum interessiert hätten.

ICH erinnere mich auch noch, wie ich meine erste Spielzeugeisenbahn bekam. Während des Krieges wurde kein Spielzeug hergestellt, zumindest nicht für den Binnenmarkt. Aber ich hatte eine Leidenschaft für Modelleisenbahnen entwickelt. Mein Vater versuchte, mir einen Holzzug zu basteln, aber damit war ich nicht zufrieden, denn ich wollte etwas, das sich in Bewegung setzte. Also kaufte mein Vater eine gebrauchte Eisenbahn zum Aufziehen, reparierte sie mit einem Lötkolben und schenkte sie mir zu Weihnachten, als ich fast drei war. Die Eisenbahn fuhr nicht besonders gut. Aber dann, unmittelbar nach dem Krieg, unternahm mein Vater eine Reise nach Amerika. Als er mit der «Queen Mary» zurückkehrte, brachte er meiner Mutter Nylonstrümpfe mit, die damals in England nicht zu bekommen waren. Für meine Schwester Mary hatte er eine Puppe, die die Augen schloss, wenn man sie hinlegte, und für mich einen amerikanischen Zug mit Kuhfänger an der Lok und einem Gleis in Form einer Acht. Ich weiß noch, wie aufgeregt ich war, als ich die Schachtel öffnete.

Mit einer Eisenbahn zum Aufziehen ließ sich schon etwas anfangen, aber was ich mir wirklich wünschte, war eine elektrische. Stundenlang betrachtete ich die Auslage eines Modelleisenbahnklubs in Crouch End in der Nähe von Highgate. Ich träumte von elektrischen Eisenbahnen. Eines Tages schließlich, als meine Eltern beide unterwegs waren, nutzte ich die Gelegenheit und hob von meinem Postbankkonto den bescheidenen Betrag ab, der sich dort – zusammengespart von Geldgeschenken zu besonderen Anlässen, etwa zur Taufe – angesammelt hatte. Davon kaufte ich mir eine elektrische Eisenbahn, die aber zu meiner großen Enttäuschung auch nicht sehr gut funktionierte. Ich hätte die Eisenbahn zurückbringen und vom Geschäft oder vom Hersteller Ersatz verlangen müssen. Doch damals hielt man es für ein Privileg, etwas kaufen zu dürfen, und es war eben Schicksal, wenn es sich als mangelhaft erwies. Also ließ ich den Elektromotor der Lokomotive für teures Geld reparieren, und trotzdem hat er nie richtig funktioniert.

Als Jugendlicher baute ich dann Modellflugzeuge und -schiffe. Mit den Händen war ich nie sehr geschickt, aber ich tat mich mit meinem Schulkameraden John McClenahan zusammen, der ein guter Bastler war und dessen Vater sich im Haus eine Werkstatt eingerichtet hatte. Mein Ziel war es immer, Modelle zu bauen, die ich steuern konnte. Mir war es egal, wie sie aussahen. Ich glaube, der gleiche Wunsch trieb mich, eine Reihe sehr komplizierter Spiele mit einem anderen Schulkameraden, Roger Ferneyhough, zu erfinden. Da gab es ein Produktionsspiel mit Fabriken, die verschiedenfarbige Produkte herstellten, Straßen und Schienenstränge, auf denen sie befördert wurden, und einen Aktienmarkt. Es gab ein Kriegsspiel, das auf einem Brett mit viertausend Quadraten gespielt wurde, und sogar ein Ritterspiel, bei dem jeder Spieler eine ganze Dynastie mit eigenem Stammbaum repräsentierte. Ich glaube, diese Spiele entsprangen, genau wie die Eisenbahnen, Schiffe und Flugzeuge, dem Drang herauszufinden, wie die Dinge funktionieren, und sie zu beherrschen. Seit ich mit meiner Promotion begann, konnte ich dieses Bedürfnis in der kosmologischen Forschung stillen. Wenn man weiß, wie das Universum funktioniert, beherrscht man es in gewisser Weise.

ST. ALBANS

1950 wurde der Arbeitsplatz meines Vaters von Hampstead in der Nähe von Highgate in das neuerbaute National Institute for Medical Research in Mill Hill am Nordrand Londons verlegt. Statt von Highgate dorthin zu fahren, erschien es vernünftiger, aus London hinauszuziehen und in die Stadt zu pendeln. Deshalb kauften meine Eltern ein Haus in St. Albans, einem Bischofssitz mit alter Kathedrale, ungefähr fünfzehn Kilometer nördlich von Mill Hill und dreißig Kilometer vom Londoner Zentrum entfernt. Es war ein großes viktorianisches Haus mit einer gewissen Eleganz und ganz eigenem Charakter. Meine Eltern waren nicht sehr wohlhabend, als sie es kauften, und es musste viel renoviert werden, bevor wir einziehen konnten. Danach weigerte sich mein Vater, ein sparsamer Yorkshireman, Geld für weitere Reparaturarbeiten am Haus auszugeben. Er tat sein Bestes, um es instand zu halten und zu streichen, aber es war groß und er nicht sehr geschickt in solchen Dingen. Doch das Haus war so solide gebaut, dass ihm die Vernachlässigung kaum schadete. 1985, als mein Vater schwer erkrankte (er starb 1986), verkauften es meine Eltern. Vor einiger Zeit habe ich es wiedergesehen. Es sah nicht so aus, als sei in der Zwischenzeit viel daran gemacht worden.

Das Gebäude war ursprünglich für einen Haushalt mit Dienstboten bestimmt; deshalb gab es in der Anrichte eine Tafel, die anzeigte, in welchem Zimmer geläutet worden war. Natürlich hatten wir keine Dienstboten, aber mein erstes Zimmer war ein kleiner L-förmiger Raum, der einmal ein Dienstmädchenzimmer gewesen sein musste. Ich hatte ihn mir auf Vorschlag meiner Cousine Sarah reserviert, die etwas älter war als ich und die ich sehr bewunderte. Sie meinte, dort könnten wir viel Spaß haben. Ein besonderer Vorzug des Zimmers war, dass man aus dem Fenster aufs Dach des Fahrradschuppens und von dort auf den Erdboden klettern konnte.

Sarah war die Tochter von Janet, der älteren Schwester meiner Mutter, einer Ärztin, die einen Psychoanalytiker geheiratet hatte. Sie lebten in einem ziemlich ähnlichen Haus in Harpenden, einem acht Kilometer nördlich von St. Albans gelegenen Dorf. Dass sie dort wohnten, war einer der Gründe, die uns bewogen hatten, nach St. Albans zu ziehen. Ich freute mich sehr, nun in der Nähe von Sarah zu sein, und bin häufig mit dem Bus nach Harpenden gefahren.

In der Nähe von St. Albans befinden sich die Überreste der altrömischen Stadt Verulamium, der nach London wichtigsten römischen Siedlung in England. Im Mittelalter hatte St. Albans das reichste Kloster Englands. Es wurde um den Schrein des heiligen Alban erbaut, eines römischen Zenturios, der als erster Mensch in England wegen seines christlichen Glaubens hingerichtet worden sein soll.

Von dem Kloster sind nur die große, ziemlich hässliche Klosterkirche und das alte Klostertorgebäude erhalten. Dieses gehört heute zur St. Albans School, die ich später besuchte. Im Vergleich zu Highgate oder Harpenden war St. Albans ein langweiliger, konservativer Ort. Freunde fanden meine Eltern dort kaum. Zum Teil war das ihre eigene Schuld, denn sie waren von Natur aus Eigenbrötler, vor allem mein Vater, aber es lag auch daran, dass wir von Leuten ganz anderer Art umgeben waren. Von den Eltern meiner Schulkameraden in St. Albans war wohl schwerlich jemand als Intellektueller zu bezeichnen.

Während unsere Familie in Highgate als recht gewöhnlich angesehen worden war, galten wir in St. Albans als exzentrisch. Verstärkt wurde dieser Eindruck durch meinen Vater, dem es vollkommen gleichgültig war, wie sein Verhalten auf andere wirkte, solange es ihm nur half, Geld zu sparen. Seine Familie war in seiner Jugend sehr arm gewesen, und das hatte ihn geprägt. Er konnte sich nicht dazu durchringen, Geld für die eigene Bequemlichkeit auszugeben, auch nicht, als er es sich später hätte leisten können. Obwohl er schrecklich fror, weigerte er sich, eine Zentralheizung einbauen zu lassen. Stattdessen zog er sich mehrere Pullover und einen Morgenrock über seine normale

Kleidung. Anderen Menschen gegenüber war er jedoch sehr großzügig.

In den fünfziger Jahren glaubte er, wir könnten uns kein neues Auto leisten; deshalb kaufte er sich ein Londoner Vorkriegstaxi und baute mit meiner Hilfe eine Wellblechbaracke, die er als Garage benutzte. Die Nachbarn waren schockiert, konnten aber nichts dagegen tun. Wie die meisten Jungen in diesem Alter fand ich das Verhalten meiner Eltern peinlich. Das hat sie aber nie gestört.

Für die Ferien kauften meine Eltern einen Zigeunerwagen und stellten ihn auf ein Feld in Osmington Mills an der britischen Südküste bei Weymouth. Die ursprünglichen Roma-Besitzer hatten ihn bunt und kunstvoll angemalt. Meinem Vater war das zu auffällig, deshalb strich er ihn komplett grün an. Der Wohnwagen hatte ein Doppelbett für die Eltern und darunter ein Schrankbett für die Kinder. Mit Hilfe von Tragen aus Heeresbeständen machte mein Vater daraus für uns Etagenbetten, während er mit meiner Mutter in einem ebenfalls ausgemusterten Militärzelt nebenan schlief. Bis 1958 verbrachten wir dort unsere Sommerferien, dann gelang es dem Grafschaftsrat schließlich, den Zigeunerwagen entfernen zu lassen.

ALS wir nach St. Albans zogen, wurde ich zunächst auf die Highschool for Girls geschickt, die ungeachtet ihres Namens Jungen im Alter bis zu zehn Jahren aufnahm. Doch nach einem halben Jahr begab sich mein Vater auf eine seiner fast jährlichen Afrikareisen, diesmal für einen längeren Zeitraum von vier Monaten. Um der Einsamkeit zu entgehen, nahm meine Mutter meine beiden Schwestern und mich und besuchte ihre Schulfreundin Beryl, die mit dem Dichter Robert von Ranke-Graves verheiratet war. Sie lebten in dem Dorf Deià auf der zu Spanien gehörenden Insel Mallorca. Das war 1950, und der spanische Diktator Francisco Franco, im Krieg Verbündeter von Hitler und Mussolini, war noch immer an der Macht. (Das blieb er auch noch weitere fünfundzwanzig Jahre.) Trotzdem reiste meine Mutter, die vor dem Krieg der Young Communist League angehört hatte, mit ihren drei Kindern per Schiff und Bahn nach Mallorca. Wir mieteten uns ein Haus in Deià und verlebten eine wunderbare Zeit. Ich wurde zusammen mit Ranke-Graves' Sohn William von dessen Hauslehrer unterrichtet.

Dieser Lehrer war ein Schützling des Schriftstellers und mehr daran interessiert, ein Stück für die Edinburgh-Festspiele zu schreiben, als uns zu unterrichten. Deshalb ließ er uns jeden Tag ein Kapitel aus der Bibel lesen und darüber einen Aufsatz verfassen. Damit wollte er uns die Schönheit der englischen Sprache vor Augen führen. Wir brachten die gesamte Schöpfungsgeschichte und einen Teil des Auszugs aus Ägypten hinter uns, bevor ich wieder abreiste. Zu den wichtigsten Dingen, die ich gelernt habe, gehörte, dass man einen Satz nicht mit «Und» beginnen solle. Ich wies darauf hin, dass die meisten Sätze in der Bibel mit «Und» begännen, und erfuhr, dass sich die englische Sprache seit den Zeiten von King James gewandelt habe. Warum man uns dann in der Bibel lesen lasse, wollte ich wissen.

Aber das half uns nichts. Robert von Ranke-Graves schwärmte damals für die Symbolik und den Mystizismus der Bibel. Es gab keine Möglichkeit, Einspruch zu erheben.

Als wir zurückkamen, begann gerade das Festival of Britain. Damit wollte die Labour-Regierung den Erfolg der Great Exhibition von 1851 wiederholen, der ersten Weltausstellung in der modernen Bedeutung des Wortes, die Prinz Albert organisiert hatte. Das Festival bot eine angenehme Unterbrechung der kargen Nachkriegsjahre in Großbritannien. Die Ausstellung am Südufer der Themse vermittelte mir einen ersten Eindruck von neuen Entwicklungen in Architektur, Wissenschaft und Technik. Leider war sie nur von kurzer Dauer: Im Herbst gewannen die Konservativen eine Wahl und schlossen das Festival.

Mit zehn Jahren nahm ich an der sogenannten *eleven plus examination* teil, einem staatlichen Intelligenztest, der die Kinder herausfiltern sollte, die für eine akademische Ausbildung in Frage kamen, während die Mehrheit auf die eher praktisch ausgerichteten weiterführenden Schulen kam. Dank dieses Auswahlsystems gelangten zahlreiche Kinder aus der Arbeiterklasse und der unteren Mittelschicht an die Universitäten und in höhere Positionen. Dann aber regte sich heftiger Widerstand gegen das Prinzip der unwiderruflichen Festlegung des Bildungsweges mit elf Jahren, vor allem bei Mittel-schichteltern, die ihre Sprösslinge mit Arbeiterkindern auf die gleichen Schulen schicken mussten. In den siebziger Jahren wurde das System weitgehend durch Gesamtschulen ersetzt.

Das englische Schulsystem war damals streng hierar-chisch gegliedert. Man unterschied nicht nur zwischen höheren und einfachen Schulen, sondern richtete an den höheren Schulen auch noch A-, B- und C-Kurse ein. Das war kein Problem für die Kinder im A-Kurs, wohl aber für die im B-Kurs und ganz besonders im C-Kurs, die man dadurch entmutigte. Aufgrund der Eleven-plus-Ergebnisse kam ich in den A-Kurs. Doch nach dem ersten Jahr wurden alle, die nicht zu den ersten zwanzig gehörten, dem B-Kurs zugeteilt. Das war ein schwerer Schlag für das Selbstbewusstsein der Betroffenen, von dem sich manche nie erholten. In den ersten beiden Trimestern an der St. Albans School wurde ich Vierund-zwanzigster und Dreiundzwanzigster; im letzten Drittel des Jahres schaffte ich den achtzehnten Platz, sodass ich gerade noch einmal davonkam.

ALS ich dreizehn war, drängte mein Vater darauf, dass ich mich an der Westminster School bewarb, einer der angesehensten «Public Schools», also Privatschulen, Englands. Damals war das Schulsystem noch von einem rigiden Klassendenken geprägt, und mein Vater nahm an, der Besuch einer solchen gesellschaftlich angesehe-nen Schule würde für mein späteres Leben von Vorteil sein. Mein Vater selbst fühlte sich durch den Umstand, dass er keine der Oberschichtschulen hatte besuchen können und es ihm dadurch immer an Selbstsicherheit und Beziehungen gemangelt hatte, in seinem beruflichen Fortkommen behindert. Er war immer ein wenig verbittert und meinte, Leute, die ihm nicht das Wasser reichen könnten, seien ihm bei Beförderungen vorgezogen worden, weil sie die richtige Herkunft und die richtigen Verbindungen gehabt hatten. Vor solchen Leuten warnte er mich häufig.

Weil meine Eltern nicht sehr wohlhabend waren, brauchte ich ein Stipendium. Doch als die Stipendienprüfungen stattfanden, war ich krank, sodass ich nicht an die Westminster School kam. Stattdessen blieb ich an der St. Albans School, wo ich eine ebenso gute, wenn nicht sogar bessere Ausbildung erhielt, als sie mir die Westminster School hätte bieten können. Meines Wissens ist mir mein Mangel an gesellschaftlichem Ansehen nie zum Nachteil ausgelegt worden. Doch ich glaube, die Physik unterscheidet sich da ein bisschen von der Medizin. Es spielt keine Rolle, welche Schule man besucht hat oder wen man kennt – entscheidend ist, was man macht.

Ich bin nie über einen mittleren Platz in der Klasse hinausgekommen. (Es war eine sehr intelligente Klasse.) Meine Arbeiten machte ich sehr unordentlich, und mit meiner Handschrift brachte ich die Lehrer zur Verzweiflung. Doch meine Klassenkameraden gaben mir den Spitznamen «Einstein», also sahen sie offenbar irgendwo Anlass zur Hoffnung. Als ich zwölf war, wettete einer meiner Freunde mit einem anderen um eine Tüte Bonbons, dass aus mir nie etwas werden würde. Ich weiß nicht, ob diese Wette je eingelöst wurde, und wenn, wer sie gewonnen hat.

Ich hatte sechs oder sieben gute Freunde, und mit den meisten von ihnen stehe ich noch heute in Verbindung. Wir führten lange Diskussionen und Streitgespräche über Gott und die Welt – von Radar bis Religion, von Parapsychologie bis Physik. Unter anderem unterhielten wir uns auch darüber, wie das Universum entstanden sein könnte und ob Gott notwendig gewesen sei, um es zu erschaffen und in Gang zu setzen. Mir war zu Ohren gekommen, dass das Licht ferner Galaxien zum roten Ende des Spektrums hin verschoben wird und dass dies auf eine Expansion des Universums schließen lasse. (Eine Blauverschiebung würde bedeuten, dass es sich zusammenzieht.) Aber ich war mir sicher, es müsse irgendeinen anderen Grund für die Rotverschiebung geben. Ein im Wesentlichen statisches Weltall von ewiger Dauer erschien mir viel natürlicher. Vielleicht ermüdete das Licht auf dem Weg zu uns ja einfach und wurde dadurch röter. Erst später, nach zwei Jahren Promotionsforschung, sah ich ein, dass ich unrecht gehabt hatte.

DAS Forschungsgebiet meines Vaters waren Tropenkrankheiten, und oft durfte ich ihn in sein Labor in Mill Hill begleiten. Das machte mir großen Spaß, vor allem wenn ich durch die Mikroskope blicken durfte. Häufig ging ich mit ihm ins Insektenhaus, wo er Moskitos hielt, die mit Tropenkrankheiten infiziert waren. Das beunruhigte mich, weil immer einige Moskitos frei herumflogen. Er hat viel gearbeitet und ging in seiner Forschung auf.

Ich habe mich stets sehr dafür interessiert, wie Dinge funktionieren, und baute sie auseinander, um es herauszufinden, aber nur selten ist es mir gelungen, sie wieder richtig zusammenzusetzen. Meine praktischen Fähigkeiten haben nie mit meinem theoretischen Wissensdrang Schritt halten können. Mein Vater hat mein Interesse an der Wissenschaft gefördert und mir sogar in Mathematik geholfen, bis ich ihn überholt hatte. Angesichts dieser Voraussetzungen und des Berufs meines Vaters war es für mich natürlich, in die wissenschaftliche Forschung zu gehen.

In den letzten beiden Schuljahren wollte ich mich auf Mathematik und Physik spezialisieren. Wir hatten einen sehr anregenden Mathematiklehrer, Mr. Tahta, und in der Schule war gerade ein spezieller Raum eingerichtet worden, der dem Mathematikkurs als Klassenzimmer dienen sollte. Aber mein Vater war entschieden dagegen. Nach seiner Ansicht gab es, vom Lehramt einmal abgesehen, keine beruflichen Aussichten für Mathematiker. Er wollte, dass ich Medizin studiere, aber ich zeigte nicht das geringste Interesse an der Biologie, die mir zu deskriptiv und nicht fundamental genug erschien. Außerdem stand sie an der Schule nur in geringem Ansehen. Die intelligentesten Jungen wählten Mathematik und Physik, die weniger intelligenten Biologie.

Da mein Vater wusste, dass ich nicht zur Biologie zu bewegen war, brachte er mich dazu, mich für Chemie zu entscheiden, mit Mathematik im Nebenfach. Er glaubte, das würde meine Aussichten auf eine wissenschaftliche Karriere nicht schmälern. Heute bin ich Mathematikprofessor, habe aber, seit ich die St. Albans School mit siebzehn Jahren verließ, praktisch keine systematische mathematische Ausbildung mehr genossen. Alles, was ich heute an mathematischen Kenntnissen besitze, musste ich mir selbst zusammensuchen. In Cambridge hatte ich Studenten im Grundstudium zu betreuen und war diesem Kurs immer nur um eine Woche voraus.

In der Schule war Physik immer das langweiligste Fach, weil dort alles so leicht und offenkundig ablief. Chemie machte sehr viel mehr Spaß, weil ständig unerwartete Dinge geschahen, zum Beispiel Explosionen. Doch von der Physik und der Astronomie durfte ich mir die Antworten auf die Frage erhoffen, woher wir kommen und wohin wir gehen. Ich wollte die fernen Tiefen des Weltalls ergründen. Vielleicht habe ich das bis zu einem gewissen Grad erreicht, aber es bleibt noch vieles, was ich gern herausfinden würde.

OXFORD

MEIN VATER bestand darauf, dass ich in Oxford oder Cambridge studiere. Er selbst war am University College in Oxford gewesen, deshalb meinte er, ich müsse mich dort bewerben, weil meine Chancen dann besser stünden, angenommen zu werden. Damals gab es am University College keinen Mathematikdozenten, ein weiterer Grund, warum er mich zum Chemiestudium drängte: Ich konnte mich um ein Stipendium in Naturwissenschaften bewerben anstatt in Mathematik.

Die Familie fuhr zu einem einjährigen Aufenthalt nach Indien, während ich zu Hause bleiben, mein Abitur machen und mich um einen Studienplatz bewerben musste. Ich fand Aufnahme in der Familie von Dr. John Humphry, einem Kollegen meines Vaters am National Institute for Medical Research, der in Mill Hill wohnte. Viel Zeit verbrachte ich im Keller des Hauses, denn dort hatte John Humphry eine Sammlung von Dampfmaschinen und anderen Modellen untergebracht, die sein Vater gebaut hatte. In den Sommerferien reiste ich nach Indien, um meine Familie zu besuchen. Sie bewohnte in Lakhnau das Haus eines Ex-Ministerpräsidenten des

Bundesstaates Uttar Pradesh, der wegen Korruption in Ungnade gefallen war. Da mein Vater sich weigerte, während seines Aufenthalts in Indien einheimische Speisen zu essen, stellte er einen ehemaligen Koch und Diener der britischen Indienarmee ein, der ihm englisches Essen kochen und auftragen musste. Von mir aus hätte das Ganze etwas aufregender sein können.

Wir fuhren nach Kaschmir und mieteten ein Hausboot auf dem See in Srinagar. Dabei gerieten wir in den Monsun, und die Straße über das Gebirge, die die indische Armee angelegt hatte, wurde stellenweise fortgeschwemmt (die normale Route führte über die Waffenstillstandsgrenze mit Pakistan). Weil aber unser Auto, das wir aus England mitgebracht hatten, keine zehn Zentimeter Wasserstand verkraften konnte, mussten wir von einem Sikh-Lastwagenfahrer abgeschleppt werden.

DER DIREKTOR meiner Schule meinte, ich sei viel zu jung für Oxford; trotzdem nahm ich im März 1959 gemeinsam mit zwei Schülern aus dem Jahrgang über mir an der Prüfung für das Stipendium teil. Ich war überzeugt, schlecht abgeschnitten zu haben, und sehr niedergeschlagen, als während der praktischen Prüfung Dozenten durch die Reihen gingen und mit anderen sprachen, aber nicht mit mir. Dann aber, einige Tage nachdem ich aus Oxford zurückgekehrt war, erhielt ich ein Telegramm, in dem stand, mir sei ein Stipendium gewährt worden.

Ich war siebzehn, und die meisten Studenten in

meinem Jahrgang hatten ihren Militärdienst absolviert und waren viel älter. Ich war ziemlich einsam im ersten Jahr und auch noch einige Zeit im zweiten. In meinem dritten Jahr trat ich, um mehr Kontakte zu knüpfen, in den Boat Club ein und wurde Steuermann. Allerdings war diese Karriere ein ziemlicher Reinfall. Weil der Fluss in Oxford zu schmal ist, um die Boote bei den Rennen nebeneinanderfahren zu lassen, führt man Bumping-Rennen durch, bei denen sie hintereinander starteten. Jeder Steuermann muss bei der Startaufstellung dafür sorgen, dass sein Boot den richtigen Abstand zu dem vor ihm startenden Boot hält.

In meinem ersten Rennen gab ich unser Boot beim Startschuss frei, aber die Steuerleinen verfingen sich, sodass es vom Kurs abkam und disqualifiziert wurde. Später hatte ich einen Frontalzusammenstoß mit einem anderen Achter, doch wenigstens in diesem Fall kann ich behaupten, dass es nicht mein Fehler war, denn ich hatte Vorfahrt. Trotz meiner Erfolglosigkeit als Steuermann gewann ich in diesem Jahr tatsächlich mehr Freunde und fühlte mich viel wohler.

Damals gehörte es in Oxford nicht zum guten Ton, fleißig zu sein. Arbeiten war verpönt. Entweder war man ohne irgendwelche Mühe brillant, oder man fand sich mit seinen Grenzen ab und nahm einen drittklassigen Abschluss in Kauf. Wer fleißig arbeitete, um ein besseres Examen zu machen, galt als *gray man*, die schlimmste Bezeichnung, die es damals im Oxforder Wortschatz gab.

Die Colleges glaubten zu dieser Zeit, *in loco parentis* (anstatt der Eltern) zu handeln, woraus sie die Pflicht ableiteten, sich auch um die Moral ihrer Studenten zu kümmern. Daher gab es nur nach Geschlechtern getrennte Colleges, deren Tore um Mitternacht verschlossen wurden. Bis dahin mussten alle Besucher – besonders die des anderen Geschlechts – gegangen sein. Wer danach noch hinauswollte, musste über eine hohe, oben mit Eisenspitzen bewehrte Mauer klettern. Da mein College aber nicht wollte, dass seine Studenten sich verletzten, hatte man hier zwischen den Spitzen eine Lücke ausgespart, sodass es kein Kunststück war hinauszuklettern. Anders sah es aus, wenn man mit jemandem vom anderen Geschlecht im Bett erwischt wurde, dann erfolgte der sofortige Verweis vom College.

Die Herabsetzung der Volljährigkeitsgrenze auf achtzehn Jahre und die sexuelle Revolution der sechziger Jahre änderten dann alles, aber das war nach meinem Studium in Oxford.

Zu jener Zeit war das Physikstudium in Oxford so organisiert, dass man der Arbeit sehr leicht aus dem Weg gehen konnte. Ich absolvierte eine Prüfung, bevor ich aufgenommen wurde, und hatte dann drei Jahre Zeit, ehe ich mich dem Abschlussexamen stellen musste. Ich habe einmal ausgerechnet, dass ich in den drei Jahren in Oxford ungefähr tausend Stunden gearbeitet habe, was einem Durchschnitt von einer Stunde pro Tag entspricht. Ich bin nicht stolz darauf, ich versuche nur zu beschreiben, wie ich die Sache damals sah, eine

Einstellung, die ich mit den meisten Studenten teilte. Wir pflegten die Attitüde, zu Tode gelangweilt zu sein und dass nichts einer Anstrengung wert sei. Eine Folge meiner Krankheit war, dass sich all das dann änderte: Wem ein früher Tod droht, der begreift, welchen Wert das Leben hat und dass es noch viele Dinge gibt, die man tun möchte.

Da ich nicht sehr fleißig gewesen war, wollte ich mich im Abschlussexamen an die Aufgaben in theoretischer Physik halten und alle Fragen vermeiden, die Faktenwissen voraussetzten. In der Nacht vor dem Examen fand ich wegen der Anspannung keinen Schlaf, daher schnitt ich nicht sehr gut ab. Ich lag zwischen Eins und Zwei; in einer mündlichen Prüfung sollte über die endgültige Note entschieden werden. In dem Gespräch fragten mich die Prüfer nach meinen Zukunftsplänen. Ich antwortete, ich wolle in die Forschung. Wenn sie mir eine Eins gäben, würde ich nach Cambridge gehen, wenn ich eine Zwei bekäme, würde ich in Oxford bleiben. Sie gaben mir eine Eins.

Für den Fall, dass ich nicht in die Forschung gehen konnte, hatte ich einen Plan B: den Staatsdienst; ich hatte auch schon eine Bewerbung eingereicht. Wegen meiner Einstellung zu Kernwaffen wollte ich allerdings nichts mit dem Verteidigungsministerium zu tun haben. Daher nannte ich als bevorzugten Wunsch eine Stellung im Ministry of Works (das damals für die öffentlichen Bauten zuständig war) oder als Beamter für das House of Commons. In den Bewerbungsgesprächen zeigte sich rasch, dass ich eigentlich keine Vorstellung hatte, was ein Beamter im House of Commons zu tun hatte. Trotzdem wurde ich akzeptiert und musste nur noch eine schriftliche Prüfung bestehen. Leider vergaß ich sie vollkommen und erschien deshalb nicht. Die Behörde, die für die Einstellung von Beamten zuständig war, schrieb mir einen freundlichen Brief, in dem es hieß, ich könne es im folgenden Jahr noch einmal versuchen, man würde mir nichts nachtragen. Es ist ein Glück, dass ich kein Beamter geworden bin. Mit meiner Behinderung hätte ich das nicht geschafft.

FÜR die langen Ferien nach dem Abschlussexamen bot das College eine Reihe kleiner Reisestipendien an. Ich war der Meinung, meine Chancen würden umso größer sein, je weiter die beantragte Reise war. Deshalb gab ich Iran als Ziel an. Ich brach mit meinem Kommilitonen John Elder auf, der schon einmal dort gewesen war und die Landessprache Farsi beherrschte. Wir reisten nach Istanbul und von dort nach Erzurum in der Osttürkei, unweit des Bergs Ararat. Da die Eisenbahn kurz darauf die sowjetische Grenze überquerte, mussten wir unsere Fahrt nach Täbris und Teheran mit einem arabischen Bus fortsetzen, zu dessen Passagieren auch Hühner und Schafe gehörten.

John und ich trennten uns in Teheran. Mit einem anderen Studenten fuhr ich weiter nach Isfahan, Schiras und Persepolis, der Residenz der antiken persischen Könige, die von Alexander dem Großen geplündert worden war. Von dort durchquerten wir die zentral gelegene Wüste nach Maschhad.

Auf der Rückreise geriet ich in Buin Zahra zusammen mit meinem Reisegefährten Richard Chiin in ein Erdbeben der Stärke 7,1, bei dem mehr als zwölftausend Menschen ums Leben kamen. Offenbar befand ich mich nahe dem Epizentrum, war mir dessen aber nicht bewusst, weil ich krank in einem Bus saß, der über die iranischen Straßen holperte. Da wir die Sprache nicht beherrschten, erfuhren wir von dem Unglück erst nach mehreren Tagen, die wir in Täbris verbracht hatten. Ich erholte mich dort von einer schweren Ruhr und einer gebrochenen Rippe, die ich mir zugezogen hatte, als ich gegen den Vordersitz des Busses geschleudert worden war. Erst in Istanbul hörten wir von der Katastrophe.

Meinen Eltern, die seit zehn Tagen ängstlich auf Nachricht warteten, schickte ich eine Postkarte. Als Letztes hatten sie von mir gehört, dass ich am Tag des Erdbebens aus Teheran in Richtung Katastrophengebiet aufgebrochen war.

Graduierung in Oxford

MEINE ERFAHRUNG MIT ALS

OFT WERDE ICH GEFRAGT: Was bedeutet es für Sie, ALS zu haben? Die Antwort lautet: Nicht sehr viel. Ich versuche, so normal wie möglich zu leben, nicht über meine Krankheit nachzudenken oder den Dingen nachzutrauern, die ich ihretwegen nicht tun kann – es sind im Übrigen gar nicht so viele.

Als ich entdeckte, dass ich unter amyotropher Lateralsklerose litt, war es ein großer Schock für mich. Schon in meiner Kindheit ist meine körperliche Koordination nicht sehr entwickelt gewesen. Ich war nicht gut in Ballspielen, und wohl deshalb habe ich nie viel von Sport oder körperlicher Betätigung gehalten. Doch das schien sich zu ändern, als ich nach Oxford ging. Dort wurde ich Steuermann beim Rudern. Ich gehörte zwar nicht zur «Boat Race»-Klasse, nahm aber an den Regatten zwischen den Colleges teil.

In meinem dritten Oxforder Jahr bemerkte ich jedoch, dass ich offenbar unbeholfener wurde. Ein-, zweimal stürzte ich ohne erkennbaren Grund. Meiner Mutter fiel dieses erst im folgenden Jahr auf, als ich bereits in Cambridge war, woraufhin sie mit mir unseren Hausarzt aufsuchte. Der überwies mich an einen Facharzt, und kurz nach meinem einundzwanzigsten Geburtstag ging ich ins Krankenhaus, um mich untersuchen zu lassen. Dort wurde ich einer Reihe verschiedener Tests unterzogen. Sie entnahmen meinem Arm eine Muskelprobe, pflanzten mir Elektroden ein, injizierten ein Kontrastmittel in meine Wirbelsäule und beobachteten seine Bewegungen auf dem Röntgenschirm, während sie das Bett kippten. Danach teilte man mir aber nicht mit, was ich hatte, nur dass es keine multiple Sklerose und ich ein atypischer Fall sei. Ich begriff jedoch, dass die Ärzte mit einer Verschlechterung meines Zustands rechneten und nichts tun konnten, außer mir Vitamine zu geben, wovon sie sich aber offenbar keine große Wirkung versprachen. Allerdings war ich auch nicht in der Stimmung, nach Einzelheiten zu fragen, weil sie mit Sicherheit nicht erfreulich gewesen wären.

DIE ERKENNTNIS, dass ich an einer unheilbaren Krankheit litt, an der ich wahrscheinlich in ein paar Jahren sterben würde, war ein ziemlicher Schock. Wie konnte mir so etwas passieren? Warum sollte meinem Leben ein so plötzliches Ende gesetzt werden? Doch während meines Krankenhausaufenthaltes wurde ich Zeuge, wie ein Junge, den ich flüchtig kannte, im gegenüberstehenden Bett an Leukämie starb. Es war kein schöner Anblick. Ich fühlte mich zumindest nicht krank. Seither denke ich immer an diesen Jungen, wenn ich versucht bin, mich zu bemitleiden.

Da mir nicht bekannt war, was mit mir geschehen oder wie rasch die Krankheit fortschreiten würde, wusste ich nicht weiter. Die Ärzte rieten mir, nach Cambridge zurückzukehren und mit der gerade begonnenen Arbeit über Allgemeine Relativitätstheorie und Kosmologie fortzufahren. Doch ich kam nicht gut voran, weil meine mathematischen Kenntnisse recht begrenzt waren. Und überhaupt – wer konnte wissen, ob ich lange genug leben würde, um meine Promotion abzuschließen? Ich fühlte mich als tragische Gestalt. Damals hörte ich viel Wagner, aber die Zeitschriftenberichte, denen zufolge ich unmäßig getrunken habe, sind übertrieben. Das Problem ist, dass solche Behauptungen, sind sie erst einmal veröffentlicht, in anderen Artikeln ständig wiederholt werden, weil sie eine gute Story liefern. Und was so oft gedruckt zu lesen ist, muss einfach wahr sein.

Meine Träume waren damals ziemlich wirr. Bevor meine Krankheit erkannt worden war, hatte mich mein Leben gelangweilt. Nichts schien mir irgendeiner Mühe wert zu sein. Doch kurz nachdem ich aus dem Krankenhaus gekommen war, träumte ich, ich solle hingerichtet werden. Plötzlich begriff ich, dass es eine Reihe wertvoller Dinge gab, die ich tun könnte, wenn mir ein Aufschub gewährt würde. In einem anderen Traum, der sich mehrfach wiederholte, opferte ich mein Leben, um andere zu retten. Wenn ich schon sterben musste, konnte ich wenigstens noch etwas Gutes tun.

ABER ICH BIN NICHT GESTORBEN. Trotz des dunklen Schattens, der über meiner Zukunft lag, stellte ich zu meiner Überraschung fest, dass ich das Leben jetzt mehr genoss als früher. Ich kam mit meiner Arbeit gut voran, verlobte mich und heiratete und erhielt ein Forschungsstipendium am Caius College in Cambridge.

Das Stipendium bot zunächst eine Lösung für mein berufliches Problem. Glücklicherweise hatte ich mich schon früh für die theoretische Physik entschieden, ein Gebiet, auf dem mich meine Krankheit nicht ernstlich beeinträchtigte. Und ich hatte das Glück, dass zwar meine körperliche Behinderung schlimmer wurde, aber auch mein wissenschaftliches Ansehen wuchs. So bot man mir eine Reihe von Stellungen an, in denen ich mich ganz der Forschung widmen konnte, ohne Lehraufgaben wahrnehmen zu müssen.

Glück hatten wir auch bei der Wohnungssuche. Als wir heirateten, war Jane noch Studentin am Westfield College in London, wo sie die ganze Woche über lebte. Deshalb mussten wir eine Wohnung finden, die ich allein versorgen konnte und die zentral gelegen war, denn sehr weit gehen konnte ich nicht. Als ich das College um Hilfe bat, musste ich mir vom Quästor sagen lassen, es entspreche nicht den Gepflogenheiten des College, Fellows bei der Wohnungssuche zu helfen. So unterschrieben wir einen Mietvertrag für eine Wohnung in einem Apartmenthaus, das gerade am Marktplatz erbaut wurde. (Jahre später erfuhr ich, dass diese Wohnungen dem College gehörten, was mir damals aber niemand mitgeteilt hatte.) Als wir nach dem Sommer in den USA nach Cambridge zurückkehrten, stellten wir fest, dass die Wohnungen noch immer nicht fertig waren. Der Quästor bot uns mit großzügiger Geste ein Zimmer in einem Studentenwohnheim an. «Normalerweise nehmen wir zwölf Shilling sechs Pence pro Tag», erklärte er, «aber da Sie zu zweit in dem Zimmer wohnen werden, müssen wir fünfundzwanzig Shilling verlangen.»

Wir blieben nur drei Tage. Dann entdeckten wir ein kleines Haus, nur hundert Meter vom Seminar entfernt. Es gehörte einem anderen College, das es an einen seiner Fellows vermietet hatte. Dieser war vor kurzem in einen Vorort gezogen und überließ es uns für die verbleibenden drei Monate, die sein Mietvertrag noch gültig war. In dieser Zeit stellten wir fest, dass ein weiteres Haus in derselben Straße leer stand. Ein Nachbar redete auf die Eigentümerin aus Dorset ein, es sei ein Skandal, dass sie ihr Haus unbewohnt lasse, während junge Leute verzweifelt nach einer Bleibe suchten. Da vermietete sie uns das Haus. Nachdem wir dort einige Jahre gelebt hatten, wollten wir es kaufen und renovieren. Also baten wir das College um eine Hypothek. Doch das College prüfte das Objekt und gelangte zu dem Ergebnis, es sei keine gute Geldanlage. Schließlich bekamen wir die Hypothek von einer Wohnungsbaugesellschaft, und meine Eltern gaben uns das Geld für die Renovierung.

Nachdem wir dort weitere vier Jahre gewohnt hatten, wurde mir das Treppensteigen zu beschwerlich.

Inzwischen wusste mich das College besser zu schätzen, und der Quästor hatte gewechselt. So bot man uns in einem dem Caius College gehörenden Gebäude eine Parterrewohnung an. Sie kam meinem Bedürfnis sehr entgegen, weil sie große Räume und breite Türen hatte. Außerdem lag sie so zentral, dass ich mit meinem elektrischen Rollstuhl bequem ins Seminar oder ins College gelangen konnte. Auch unseren drei Kindern hat es dort gefallen, denn das Haus lag in einem Garten, der von Collegegärtnern gepflegt wurde.

BIS 1974 konnte ich ohne fremde Hilfe essen, aufstehen und ins Bett gehen. Jane hatte die ganze Zeit für mich gesorgt und dabei noch zwei Kinder großgezogen. (Unser drittes wurde 1979 geboren.) Doch danach wurde die Situation immer schwieriger, deshalb gingen wir dazu über, jeweils einen meiner Doktoranden bei uns einzuquartieren. Als Gegenleistung für freies Logis und besondere Betreuung durch mich halfen mir unsere Untermieter morgens beim Aufstehen und abends beim Zubettgehen. Ab 1980 nahmen wir wechselweise die Hilfe von Gemeindeschwestern und privaten Pflegerinnen in Anspruch, die für ein bis zwei Stunden jeweils am Morgen und am Abend kamen. Diese Regelung behielten wir bei, bis ich 1985 eine Lungenentzündung bekam. Ich musste mich einer Tracheotomie unterziehen und von da an einen Pflegedienst rund um die Uhr in Anspruch nehmen, was uns durch die Mittel verschiedener Stiftungen ermöglicht wurde.

Vor der Operation war meine Sprache immer undeutlicher geworden, sodass mich nur noch ein paar Menschen, die mich sehr gut kannten, verstehen konnten. Aber immerhin konnte ich mich verständlich machen. Wissenschaftliche Aufsätze schrieb ich, indem ich sie einer Sekretärin diktierte, und ich hielt Vorlesungen und Vorträge mit Hilfe eines Dolmetschers, der meine Worte deutlich wiederholte.

Doch nach dem Luftröhrenschnitt konnte ich überhaupt nicht mehr sprechen. Eine Zeitlang vermochte ich mich nur durch das Buchstabieren von Wörtern zu verständigen, und zwar, indem ich die Augenbrauen hob, wenn jemand auf einer Tafel den richtigen Buchstaben zeigte. Es war ziemlich schwierig, auf diese Weise ein Gespräch zu führen, von dem Versuch, einen wissenschaftlichen Aufsatz abzufassen, ganz zu schweigen.

IN KALIFORNIEN hörte der Computerexperte Walt Woltosz von meiner misslichen Situation und schickte mir sein Computerprogramm «Equalizer». Damit konnte ich aus verschiedenen Menüs auf dem Bildschirm Wörter auswählen, indem ich einen Schalter in meiner Hand drückte. Heute verwende ich Words Plus, ein anderes Programm von ihm. Für die Steuerung ist ein kleiner Sensor in meiner Brille zuständig, den ich durch eine Bewegung meiner Wange aktiviere. Wenn ich zusammengestellt habe, was ich sagen möchte, kann ich die Datei durch einen Sprachsynthesizer schicken.

Zunächst benutzte ich das Equalizer-Programm nur

auf einem Desktopcomputer. Dann befestigte David Mason von der Firma Cambridge Adaptive Communication einen kleinen PC und einen Sprachsynthesizer an meinem Rollstuhl. Heute beziehen meine Computer ihre Rechenleistung von Intel. Mit Hilfe dieses Systems kann ich mich weit besser verständigen als vorher, denn immerhin schaffe ich bis zu drei Wörter pro Minute. Dabei kann ich entweder sprechen, was ich geschrieben habe, oder es auf der Festplatte speichern. Außerdem bin ich in der Lage, es Satz für Satz auszudrucken oder abzurufen. Dank dieses Systems habe ich sieben Bücher und eine Anzahl wissenschaftlicher Aufsätze geschrieben. Ferner habe ich zahlreiche wissenschaftliche und populärwissenschaftliche Vorträge gehalten. Dass sie recht gut aufgenommen wurden, liegt sicherlich großenteils an der Qualität des Sprachsynthesizers von Speech Plus.

Die Stimme, die man hat, ist sehr wichtig. Spricht man nämlich undeutlich, behandeln eine viele Leute, als sei man geistig behindert.

Von allen Systemen, die ich gehört habe, ist dieser Synthesizer bei weitem am besten, weil er die Intonation moduliert und sich nicht anhört wie einer der Daleks aus Doctor Who. Inzwischen ist Speech Plus in Konkurs und sein Sprachsynthesizer-Programm verlorengegangen. Ich besitze jetzt die letzten drei verbliebenen Synthesizer. Sie sind sperrig, verbrauchen viel Energie und arbeiten mit Prozessoren, die veraltet sind und sich nicht austauschen lassen. Aber ich identifiziere mich inzwischen mit dieser Stimme, sie ist zu meinem Markenzeichen geworden, daher werde ich sie erst gegen eine natürlicher klingende Stimme austauschen, wenn alle drei Synthesizer kaputt sind.

An amyotropher Lateralsklerose leide ich im Grunde genommen, seit ich erwachsen bin. Doch sie hat mich nicht daran gehindert, eine liebenswerte Familie zu gründen und erfolgreich meine Arbeit zu tun. Ich hatte insofern Glück, als meine Krankheit langsamer vorangeschritten ist als in vielen anderen Fällen. Was beweist, dass man die Hoffnung nie aufgeben sollte.

WAS IST WIRKLICHKEIT?

VOR EINIGEN JAHREN verbot der Stadtrat der italienischen Stadt Monza, Goldfische in Kugelaquarien zu halten. Der Initiator erklärte das Verbot unter anderem damit, dass es grausam sei, einen Fisch in einer Goldfischkugel zu halten, da er beim Blick durch die gekrümmten Wände ein verzerrtes Bild der Wirklichkeit erhalte. Doch woher wissen wir, dass wir das wahre, unverzerrte Bild der Wirklichkeit sehen? Könnten wir uns nicht selbst in einer großen Goldfischkugel befinden, unsere Wahrnehmung von einer riesigen Linse verzerrt? Das Bild, das der Goldfisch von der Wirklichkeit hat, ist von dem unseren verschieden, aber können wir sicher sein, dass es weniger real ist?

Die Perspektive der Goldfische unterscheidet sich von unserer, sie könnten jedoch trotzdem Naturgesetze formulieren, welche die Bewegung der Objekte außerhalb ihrer Kugel beschreiben. Beispielsweise würde ein Objekt, das sich nach unserer Beobachtung geradlinig bewegt, aus Sicht des Goldfisches einer gekrümmten Bahn folgen. Dessen ungeachtet könnten die Goldfische von ihrem verzerrten Bezugssystem aus allgemeingültige Naturgesetze formulieren, die es ihnen ermöglichen würden, Vorhersagen über die künftige Bewegung von Objekten außerhalb der Kugel zu machen. Ihre Gesetze wären komplizierter als die Gesetze in unserem Bezugssystem, aber Einfachheit ist eine Frage des Geschmacks. Würden die Goldfische eine solche Theorie formulieren, so müssten wir ihre Auffassung als ebenso gültiges Bild der Wirklichkeit anerkennen.

Ein berühmtes Beispiel für ein anderes Wirklichkeitsbild ist das Modell, das etwa 150 n. Chr. von Ptolemäus (um 85 – um 165) eingeführt wurde, um die Bewegung der Himmelskörper zu beschreiben. Ptolemäus veröffentlichte seine Arbeit in einer dreizehn Bände umfassenden Abhandlung, die zumeist unter ihrem arabischen Titel *Almagest* bekannt ist. Der *Almagest* beginnt mit der Darlegung der Gründe für die Annahme, dass die Erde rund und unbewegt sei, sich im Mittelpunkt des Universums befinde und so klein sei, dass man ihre Größe im Vergleich zum riesigen Abstand des Himmels vernachlässigen könne. Trotz des heliozentrischen Modells von Aristarch hingen die meisten gebildeten Griechen dieser Auffassung zumindest seit der Zeit des Aristoteles an, der die Erde aus mystischen Gründen für den Mittelpunkt des Universums hielt.

Im ptolemäischen Modell stand die Erde unbewegt im Mittelpunkt, während die Planeten und Sterne sie in komplizierten Bahnen umkreisten, bei denen Epizyklen – Kreise auf Kreisen – eine Rolle spielen.

Dieses Modell scheint natürlich zu sein, weil wir

nicht spüren, wie sich die Erde unter unseren Füßen bewegt (abgesehen von Erdbeben und Augenblicken der Leidenschaft). Später stützten sich die europäischen Gelehrten auf die überlieferten griechischen Quellen, sodass die Lehren des Aristoteles und Ptolemäus weitgehend zur Grundlage des abendländischen Denkens wurden. Das ptolemäische Modell des Kosmos wurde von der katholischen Kirche übernommen und blieb vierzehn Jahrhunderte lang ein Teil der offiziellen Lehre. Erst 1543 schlug Kopernikus ein anderes Modell in seinem Buch *De revolutionibus orbium coelestium* («Über die Umläufe der Himmelskörper») vor, das erst ein Jahr vor seinem Tod erschien (obwohl er mehrere Jahrzehnte an seiner Theorie gearbeitet hatte).

Kopernikus beschrieb – wie Aristarch rund siebzehn Jahrhunderte zuvor – eine Welt mit einer unbewegten Sonne, die von den Planeten auf kreisförmigen Bahnen umlaufen wird. Obwohl die Idee nicht neu war, stieß ihre Wiederbelebung auf erbitterten Widerstand. Man behauptete, das kopernikanische Modell stehe im Widerspruch zur Bibel, die nach offizieller Auslegung verkündete, dass die Planeten sich um die Erde bewegten – obwohl das in der Bibel nirgends eindeutig zum Ausdruck kommt. Das kopernikanische Modell löste eine heftige Debatte über die Frage aus, ob die Erde unbewegt sei, und gipfelte 1633 in dem Ketzerprozess, der Galilei gemacht wurde, weil er das kopernikanische Modell vertrat und meinte, «er dürfe eine Meinung als wahrscheinlich vertreten und verteidigen, nachdem sie als im Widerspruch zur Heiligen Schrift stehend erklärt und definiert worden ist». Er wurde schuldig gesprochen, zu lebenslangem Hausarrest verurteilt und zum Widerruf gezwungen. *Eppur si muove* («Und sie bewegt sich doch»), soll er beim Verlassen des Gerichtssaals gemurmelt haben. 1992 gestand die römisch-katholische Kirche endlich ein, Galilei zu Unrecht verurteilt zu haben.

Welches System entspricht der Wirklichkeit, das ptolemäische oder das kopernikanische? Zwar heißt es nicht selten, Kopernikus habe Ptolemäus widerlegt, doch das ist nicht richtig. Wie bei dem Vergleich unserer normalen Wahrnehmung mit der des Goldfischs kann man jede der beiden Darstellungsweisen als Modell des Universums verwenden, denn unsere Himmelsbeobachtungen lassen sich ebenso durch die Annahme einer unbewegten Erde wie einer unbewegten Sonne erklären. Ungeachtet seiner Rolle in Debatten über das Wesen unseres Universums liegt der eigentliche Vorteil des kopernikanischen Systems einfach darin, dass die Bewegungsgleichungen in einem Bezugssystem mit unbewegter Sonne viel einfacher sind.

Eine andere Art alternativer Wirklichkeit begegnet uns in dem Science-Fiction-Film *Matrix*, in dem die Menschheit ohne ihr Wissen in einer simulierten virtuellen Realität lebt, die von intelligenten Computern erzeugt wird, um sie in einem Zustand der Ruhe und Zufriedenheit zu halten, während die Computer ihnen ihre bioelektrische Energie (was immer das sein mag) abzapfen. Woher wissen wir, dass wir nicht einfach Figuren einer computergenerierten Seifenoper sind? Würden wir in einer künstlichen imaginären Welt leben, so würden die Ereignisse nicht notwendigerweise eine bestimmte Logik oder Konsistenz haben beziehungsweise irgendwelchen Gesetzen gehorchen. Die das Ganze inszenierenden Außerirdischen könnten es im Gegenteil interessanter oder amüsanter finden, unsere Reaktionen zu beobachten, wenn sich beispielsweise der Vollmond in zwei Hälften teilte oder alle Menschen, die eine Diät machen, ein unwiderstehliches Verlangen nach Bananentorte bekämen. Würden die Außerirdischen allerdings widerspruchsfreie Gesetze einführen, könnten wir beim besten Willen nicht entscheiden, ob es hinter der simulierten Wirklichkeit noch eine andere gibt. Es wäre leicht, die Welt, in der die Außerirdischen leben, als die «wirkliche» und die synthetische als die «falsche» zu bezeichnen, doch wenn die Wesen in der simulierten Welt – wie wir – nicht von außen in ihr Universum blicken könnten, hätten sie keinen Grund, an ihrem eigenen Wirklichkeitsbild zu zweifeln. Das ist eine moderne Version der Idee, dass wir alle Phantasiegebilde im Traum eines anderen sind.

Diese Beispiele führen uns zu einer Schlussfolgerung, die wichtig für dieses Buch sein wird: *Es gibt keinen abbild- oder theorieunabhängigen Realitätsbegriff.* Stattdessen werden wir uns eine Auffassung zu eigen machen, die wir *modellabhängigen Realismus* nennen wollen: die Vorstellung, dass eine physikalische Theorie oder ein

Weltbild ein (meist mathematisches) Modell ist und einen Satz Regeln besitzt, die die Elemente des Modells mit den Beobachtungen verbinden. Das liefert uns ein Gerüst zur Interpretation der modernen Wissenschaft.

Seit Platon streiten die Philosophen über das Wesen der Wirklichkeit. Die klassische Naturwissenschaft beruht auf der Überzeugung, dass es eine reale Außenwelt gibt, deren Eigenschaften eindeutig und von dem wahrnehmenden Beobachter unabhängig sind. Laut der klassischen Naturwissenschaft existieren bestimmte Objekte, die physikalische Eigenschaften wie etwa Geschwindigkeit und Masse mit jeweils wohldefinierten Werten haben. Nach dieser Auffassung sind unsere Theorien Versuche, diese Objekte und ihre Eigenschaften zu beschreiben, und unsere Messungen und Wahrnehmungen lassen sich direkt diesen Objekten und ihren Eigenschaften zuordnen. Sowohl Beobachter wie Beobachtungsgegenstand sind Teile einer Welt, die objektiv existiert, und es ist keine sinnvolle Unterscheidung zwischen ihnen möglich. Mit anderen Worten: Wenn Sie eine Herde Zebras sehen, die um einen Stellplatz in einem Parkhaus kämpfen, so liegt das daran, dass dort wirklich Zebras um einen Stellplatz in einem Parkhaus kämpfen. Alle anderen Beobachter, die das Geschehen betrachten, werden die gleichen Eigenschaften messen, und die Herde wird diese Eigenschaften haben, ob jemand sie beobachtet oder nicht. In der Philosophie wird diese Überzeugung als Realismus bezeichnet.

Zwar mag der Realismus ein verlockender Standpunkt sein, doch ist er, wie wir später sehen werden, nach allem, was wir über die moderne Physik wissen, schwer zu verteidigen. Beispielsweise hat ein Teilchen nach den Prinzipien der Quantenphysik, die eine zutreffende Beschreibung der Natur ist, weder einen bestimmten Aufenthaltsort noch eine bestimmte Geschwindigkeit, wenn und solange diese Größen nicht von einem Beobachter gemessen werden. Daher ist es *nicht* korrekt, wenn wir sagen, eine Messung liefere ein bestimmtes Ergebnis, weil die gemessene Größe diesen Wert zum Zeitpunkt der Messung gehabt habe. Tatsächlich haben in einigen Fällen einzelne Objekte noch nicht einmal eine unabhängige Existenz, sondern existieren nur als Elemente einer Gesamtheit von vielen Teilen. Und falls sich das sogenannte holographische Prinzip als richtig erweisen sollte, sind wir und unsere vierdimensionale Welt möglicherweise nur Schatten auf dem Rand einer größeren, fünfdimensionalen Raumzeit. In diesem Fall ist unsere Stellung im Universum analog zu der des Goldfischs.

Strenge Realisten vertreten häufig die Auffassung, der Beweis dafür, dass wissenschaftliche Theorien die Wirklichkeit darstellten, liege in ihrem Erfolg. Doch verschiedene Theorien können dasselbe Phänomen mittels grundverschiedener begrifflicher Bezugssysteme beschreiben. Tatsächlich wurden viele wissenschaftliche Theorien, die sich als erfolgreich erwiesen hatten, später durch ebenso erfolgreiche, auf ganz anderen

Konzepten und Grundbegriffen beruhende Theorien ersetzt.

Gewöhnlich bezeichnet man die Gegner des Realismus als «Antirealisten». Antirealisten unterscheiden zwischen empirischer und theoretischer Erkenntnis. In der Regel vertreten sie die Auffassung, dass zwar Beobachtung und Experiment durchaus eine Bedeutung zukomme, dass aber Theorien lediglich nützliche Instrumente darstellten, die nicht Ausdruck tieferer, den beobachteten Phänomenen zugrunde liegender Wahrheiten seien. Einige Antirealisten waren denn auch bestrebt, die Wissenschaft ganz auf Dinge zu beschränken, die wir beobachten können. Aus diesem Grund lehnten im 19. Jahrhundert viele Gelehrte den Begriff des Atoms ab, da man doch niemals eines sehen werde. George Berkeley (1685–1753) ging sogar so weit zu behaupten, dass nichts außer dem Bewusstsein und seinen Vorstellungen existiere. Als ein Freund zum englischen Schriftsteller und Lexikographen Dr. Samuel Johnson (1709–1784) sagte, Berkeleys Behauptung lasse sich unmöglich widerlegen, soll Johnson zu einem großen Stein gegangen sein, dagegengetreten und ausgerufen haben: «So widerlege ich ihn.» Natürlich war auch der Schmerz, den Dr. Johnson in seinem Fuß spürte, nur ein Phänomen in seinem Bewusstsein, daher hat er Berkeleys Auffassung nicht wirklich widerlegt. Allerdings veranschaulicht sein Fußtritt die Ansicht des Philosophen David Hume (1711–1776), der schrieb, auch wenn wir keine Vernunftgründe für den Glauben an eine objektive Wirklichkeit hätten, seien wir doch gezwungen zu handeln, als wenn er wahr wäre.

Modellabhängiger Realismus umgeht all diese Streitereien und Diskussionen zwischen der realistischen und der antirealistischen Schule. Laut modellabhängigem Realismus ist die Frage sinnlos, ob ein Modell real ist – entscheidend ist nur, ob es mit der Beobachtung übereinstimmt. Wenn wir zwei Modelle haben, die sich beide mit den Beobachtungen decken, wie das Weltbild des Goldfischs und das unsere, so können wir nicht sagen, das eine sei realer als das andere. Wir können jeweils das Modell verwenden, das in der betrachteten Situation praktischer ist.

Wären wir beispielsweise in der Kugel, wäre das Wirklichkeitsbild des Goldfischs nützlicher. Für Beobachter außerhalb der Kugel wäre es dagegen mühsam, Ereignisse in einer fernen Galaxie im Bezugssystem einer Goldfischkugel auf der Erde zu beschreiben, zumal die Kugel sich bewegen würde, da die Erde die Sonne umkreist und um ihre eigene Achse rotiert.

Wir fertigen Modelle in der Wissenschaft an, aber auch im Alltag. Modellabhängiger Realismus gilt nicht nur für wissenschaftliche Modelle, sondern auch für die bewussten und unbewussten mentalen Modelle, die wir alle schaffen, um unsere alltägliche Welt zu deuten und zu verstehen. Es gibt keine Möglichkeit, unsere Wahrnehmung der Welt unabhängig vom Beobachter – von uns – zu beschreiben, denn sie wird nun einmal durch unsere sensorische Verarbeitung erzeugt und die

Art und Weise, wie wir denken und urteilen. Unsere Wahrnehmung – und damit die Beobachtungen, auf die sich unsere Theorien stützen – ist nicht unmittelbar, sondern wird durch eine Art Linse geprägt, die Deutungsstrukturen unseres Gehirns.

Modellabhängiger Realismus entspricht der Art und Weise, wie wir Objekte wahrnehmen. Beim Sehen empfängt unser Gehirn über den Sehnerv eine Reihe von Signalen. Allerdings formen diese Signale kein Bild, das Sie in Ihrem Fernsehgerät akzeptieren würden. Dort, wo der Sehnerv mit der Netzhaut verbunden ist, gibt es einen blinden Fleck, und der einzige Bereich unseres Gesichtsfelds mit gutem Auflösungsvermögen ist ein engbegrenztes Areal im Zentrum der Netzhaut von etwa 1 Grad des Gesichtswinkels – ein Areal von der Breite unseres Daumens, wenn wir ihn auf Armeslänge entfernt halten. So wird also ein arg verzerrtes Bild mit einem Loch in der Mitte als Rohmaterial an das Gehirn gesandt. Glücklicherweise verarbeitet das menschliche Gehirn diese Daten, indem es den Input aus beiden Augen zusammenfasst und – von der Annahme ausgehend, dass die visuellen Eigenschaften benachbarter Bereiche ähnlich sind – die Lücken interpolierend füllt. Außerdem liest es von der Netzhaut eine zweidimensionale Datenmatrix ab und erzeugt damit den Eindruck eines dreidimensionalen Raums. Mit anderen Worten, das Gehirn erzeugt ein mentales Bild oder Modell.

Das Gehirn versteht sich hervorragend auf die Modellerzeugung: Wenn man jemandem eine Brille aufsetzt, die die Bilder in seinen Augen auf den Kopf stellt, verändert sein Gehirn das Modell nach einiger Zeit so, dass er die Dinge wieder richtig herum wahrnimmt. Nimmt man ihm die Brille ab, sieht er die Welt wieder eine Weile auf dem Kopf stehen, bis das Gehirn eine erneute Anpassung vorgenommen hat. Die Aussage «Ich sehe einen Stuhl» bedeutet also lediglich, dass man mit dem vom Stuhl gestreuten Licht ein mentales Bild oder Modell des Stuhls geschaffen hat. Sollte das Modell auf dem Kopf stehen, wird das Gehirn es im günstigsten Falle korrigieren, bevor man versucht, sich auf den Stuhl zu setzen.

Der modellabhängige Realismus löst – oder vermeidet zumindest – auch die schwierige Frage, was Existenz bedeutet. Woher weiß ich, dass ein Tisch noch existiert, wenn ich aus dem Zimmer gehe und ihn nicht sehen kann? Was bedeutet es, wenn man sagt, dass Dinge existieren, die wir überhaupt nicht sehen können, Elektronen etwa oder Quarks – die Teilchen, aus denen das Proton und das Neutron bestehen sollen? Man könnte ein Modell haben, in dem der Tisch verschwindet, wenn ich das Zimmer verlasse, und an der gleichen Stelle wieder auftaucht, wenn ich zurückkomme, doch das wäre mühsam – und was wäre, wenn etwas geschähe, während ich draußen wäre, beispielsweise die Decke einstürzte? Wie könnte ich mit dem Der-Tisch-verschwindet-wenn-ich-das-Zimmer-verlasse-Modell erklären, dass der Tisch, wenn ich wieder ins Zimmer komme, zerbrochen unter den Trümmern der Decke liegt? Das Modell, nach dem der Tisch bleibt, wo er ist, ist viel einfacher und deckt sich mit der Beobachtung. Mehr können wir nicht verlangen.

Im Fall der subatomaren Teilchen, die wir nicht sehen können, sind Elektronen ein nützliches Modell zur Erklärung von Beobachtungen wie Spuren in einer Nebelkammer, Lichtpunkte auf einer Fernsehröhre und viele andere Phänomene. Es heißt, das Elektron sei 1897 von dem britischen Physiker J.J. Thomson am Cavendish Laboratory der Cambridge University entdeckt worden. Er experimentierte mit elektrischen Strömen in leeren Glasröhren, sogenannten Kathodenstrahlen. Seine Experimente führten ihn zu dem kühnen Schluss, die geheimnisvollen Strahlen bestünden aus winzigen «Korpuskeln» – materiellen Bestandteilen der Atome, die man bislang für die unteilbaren fundamentalen Materieeinheiten gehalten hatte. Thomson «sah» kein Elektron, auch wurde seine Spekulation nicht direkt oder eindeutig von seinen Experimenten bewiesen. Doch das Modell hat sich bei Anwendungen von der Grundlagenforschung bis zur Technik als unentbehrlich erwiesen, und heute glauben alle Physiker an Elektronen, obwohl sie sie nicht sehen können.

Quarks, die wir auch nicht sehen können, sind ein Modell, das die Eigenschaften der Protonen und Neutronen im Kern eines Atoms erklärt. Obwohl angenommen wird, dass Protonen und Neutronen aus Quarks bestehen, werden wir nie ein Quark beobachten, weil die Bindungskraft zwischen Quarks mit ihrem Abstand voneinander zunimmt und daher in der Natur keine isolierten, freien Quarks existieren können. Stattdessen treten Quarks immer in Dreier-gruppen auf (z. B. Protonen und Neutronen) oder in Paaren von einem Quark und einem Antiquark (z. B. Pi-Mesonen) und verhalten sich, als wären sie durch Gummibänder verbunden.

Die Frage, ob man sinnvollerweise sagen könne, dass Quarks wirklich existieren, wenn sich nie eines iso-lieren lässt, wurde in den Jahren nach Einführung des Quarkmodells kontrovers diskutiert. Der Gedanke, dass bestimmte Teilchen aus verschiedenen Kombinationen einiger weniger «sub-subnuklearer Teilchen» bestün-den, lieferte ein Organisationsprinzip, das eine ein-fache und ansprechende Erklärung ihrer Eigenschaften erlaubte. Doch obwohl Physiker daran gewöhnt waren, Teilchen zu akzeptieren, auf deren Existenz nur daraus geschlossen werden konnte, wie sich die Häufigkeiten bestimmter Reaktionen bei bestimmten Energien der aufeinandergeschossenen Teilchen veränderten, war die Vorstellung, einem Teilchen, das möglicherweise prinzipiell unbeobachtbar war, Realität zuzubilligen, für zahlreiche Physiker zu viel. Im Laufe der Jahre führte das Quarkmodell jedoch zu so vielen richtigen Vorher-sagen, dass der Widerstand erlahmte. Es ist sicherlich möglich, dass irgendwelche Außerirdische mit siebzehn Armen, Infrarotaugen und der Angewohnheit, Schlag-sahne aus den Ohren zu blasen, die gleichen experi-mentellen Beobachtungen wie wir machen, sie aber ohne Quarks beschreiben. Wie dem auch sei, gemäß dem modellabhängigen Realismus existieren Quarks in einem Modell, das mit unseren Beobachtungen über das Verhalten subnuklearer Teilchen übereinstimmt.

Der modellabhängige Realismus kann einen theoretischen Rahmen für die Diskussion von Fragen wie den folgenden liefern: Wenn die Welt vor endlicher Zeit entstand, was geschah dann davor? Der frühchristliche Philosoph Augustinus (354–430) sagte, die Antwort laute nicht, dass Gott die Hölle für Menschen geschaffen habe, die solche Fragen stellten, sondern die Zeit sei eine Eigenschaft der von Gott geschaffenen Welt und habe vor der – von ihm später angesetzten – Schöpfung nicht existiert. Dies ist ein mögliches Modell und wird von Menschen favorisiert, die die biblische Schöpfungsgeschichte beim Wort nehmen, obwohl es fossile und andere Belege gibt, die auf ein weit höheres Alter der Erde schließen lassen. (Wurden sie ausgelegt, um uns hinters Licht zu führen?) Man kann auch ein anderes Modell haben, in dem die Zeit 13,7 Milliarden Jahre bis zum Urknall zurückreicht. Dieses Modell, das unsere gegenwärtigen Beobachtungen, einschließlich der historischen und geologischen Daten, am umfassendsten erklärt, ist die beste uns zur Verfügung stehende Darstellung der Vergangenheit. Es kann die fossilen und radioaktiven Befunde plausibel deuten und die Tatsache erklären, dass wir das Licht von Galaxien empfangen, die Millionen Lichtjahre von uns entfernt sind, daher ist dieses Modell – die Urknalltheorie – nützlicher als das erste. Trotzdem können wir von keinem der beiden Modelle sagen, es sei realer als das andere.

Einige Leute propagieren ein Modell, in dem die Zeit über den Urknall hinaus zurückreicht. Noch ist unklar, ob ein solches Modell gegenwärtige Beobachtungen besser erklären könnte, weil es den Anschein hat, als würden die Entwicklungsgesetze des Universums beim Urknall ihre Geltung verlieren. In diesem Fall wäre es sinnlos, ein Modell zu entwickeln, das die Zeit vor dem Urknall einschließt, weil alles, was damals existierte, keine beobachtbaren Konsequenzen für die Gegenwart hätte, daher könnten wir genauso gut bei der Annahme bleiben, dass der Urknall die Schöpfung der Welt war.

Ein Modell ist gut, wenn es:

1. elegant ist,
2. nur wenige willkürliche oder solche Elemente enthält, die sich gezielt anpassen lassen,
3. mit den vorhandenen Beobachtungen übereinstimmt und sie erklärt,
4. detaillierte Vorhersagen über zukünftige Beobachtungen macht, die das Modell widerlegen oder falsifizieren können, wenn sie sich nicht bewahrheiten.

Beispielsweise war die Theorie des Aristoteles, dass die Welt aus den vier Elementen Erde, Luft, Feuer und Wasser bestehe und dass Körper bestrebt seien, ihren Zweck zu erfüllen, elegant und enthielt keine willkürlich anpassbaren Elemente. Doch in vielen Fällen machte diese Theorie keine eindeutigen Vorhersagen, und wenn doch, stimmten die Vorhersagen nicht immer mit den Beobachtungen überein. Eine dieser Vorhersagen lautete, dass schwere Körper schneller fallen müssten, da ihr Zweck das Fallen sei. Offenbar hatte es vor Galilei niemand für notwendig gehalten, diese These zu überprüfen. Es wird erzählt, er habe dazu Gewichte vom Schiefen Turm von Pisa fallen lassen. Diese Geschichte ist nicht belegt, aber wir wissen, dass er Kugeln verschiedenen Gewichts eine schiefe Ebene hinabrollen ließ und beobachtete, dass sie alle entgegen der Vorhersage des Aristoteles in gleichem Maße schneller wurden.

Die oben genannten Kriterien sind offensichtlich subjektiv. Beispielsweise lässt sich Eleganz nicht leicht messen, aber sie wird von Wissenschaftlern sehr geschätzt, da wir von Naturgesetzen erwarten, dass sie eine Anzahl besonderer Fälle in einer einfachen Formel zusammenfassen. Eleganz bezieht sich auf die Form einer Theorie, steht aber in engem Zusammenhang mit dem Ausbleiben direkt anpassbarer Elemente, da eine Theorie mit vielen willkürlich gewählten Zutaten nicht sehr elegant ist. In Anlehnung an Einstein können wir sagen: Eine Theorie sollte so einfach wie möglich, aber nicht noch einfacher sein. Ptolemäus ergänzte die kreisförmigen Umlaufbahnen der Himmelskörper durch Epizyklen, damit sein Modell ihre Bewegung hinreichend genau beschrieb. Durch Hinzufügung von Epizyklen zu den Epizyklen und weiterer Epizyklen zu jenen hätte man das Modell noch genauer machen können. Obwohl also zusätzliche Komplexität zur Genauigkeit des Modells hätte beitragen können, empfinden Naturwissenschaftler ein Modell, das derart zurechtgebogen wird, um einem bestimmten Satz von Beobachtungen zu entsprechen, als unbefriedigend – eher als einen Datenkatalog denn als eine Theorie, der man die Verkörperung eines nützlichen Prinzips zutrauen würde.

Viele Fachleute zum Beispiel betrachten das sogenannte Standardmodell der Elementarteilchenphysik, das die Wechselwirkungen der in der Natur vorkommenden Elementarteilchen beschreibt, als unelegant. Dieses Modell ist weit erfolgreicher als die Epizyklen des Ptolemäus. Es sagte die Existenz etlicher neuer Teilchen vorher, bevor sie beobachtet worden waren, und hat über Jahrzehnte hinweg die Ergebnisse zahlreicher Experimente mit großer Genauigkeit beschrieben. Doch es enthält Dutzende freier Parameter, deren Werte sich nicht direkt aus der Theorie ergeben, sondern erst anhand von Messungen bestimmt werden müssen.

Zum vierten Punkt: Wissenschaftler sind immer beeindruckt, wenn sich neue und verblüffende Vorhersagen als richtig herausstellen. Wenn andererseits ein Modell mangelhaft ist, heißt es nicht selten, das Experiment sei falsch gewesen. Falls sich das nicht bewahrheitet, wird häufig nicht das Modell aufgegeben, sondern der Versuch unternommen, es durch Abänderungen zu retten. Obwohl Physiker mit großer Hartnäckigkeit versuchen, Theorien zu bewahren, die sie bewundern, nimmt die Bereitschaft, eine Theorie zu verändern, in dem Maße ab, wie die Modifikationen künstlich und schwerfällig und damit «unelegant» werden.

Werden die Abänderungen, die zur Einbeziehung neuer Beobachtungen erforderlich sind, zu bizarr, ist das ein Zeichen für die Notwendigkeit eines neuen Modells. Ein Beispiel für ein altes Modell, das unter dem Gewicht neuer Beobachtungen seinen Platz räumen musste, ist die Idee eines statischen, also zeitlich unveränderlichen Universums. In den zwanziger Jahren glaubten die meisten Physiker, das Universum sei statisch. 1929 veröffentlichte Edwin Hubble dann seine Beobachtungen, die zeigten, dass das Universum expandiert. Doch Hubble hatte die Expansion des Universums nicht direkt beobachtet, sondern nur das Licht, das von Galaxien emittiert wird. Dieses Licht besitzt eine charakteristische Signatur – ein auf der Zusammensetzung der jeweiligen Galaxie beruhendes Spektrum –, die sich in berechenbarer und messbarer Weise verändert, wenn sich die Galaxie relativ zu uns bewegt. So konnte Hubble, indem er die Spektren ferner Galaxien analysierte, ihre Geschwindigkeiten bestimmen. Er hatte erwartet, dass sich ebenso viele Galaxien auf uns zu- wie von uns fortbewegen. Stattdessen stellte er fest, dass sich fast alle Galaxien von uns fortbewegten, und das umso schneller, je weiter sie entfernt waren. Hubble gelangte zu dem Schluss, dass das Universum expandiere, doch andere Forscher, die versuchten, an dem früheren Modell festzuhalten, wollten seine Beobachtungen im Kontext des statischen

Universums erklären. Beispielsweise schlug der Caltech-Physiker Fritz Zwicky vor, dass aus einigen noch unbekannten Gründen das Licht auf dem Weg über große Entfernungen Energie verlöre. Dieser Energieverlust entspräche einer Veränderung des Lichtspektrums, die sich mit Hubbles Beobachtungen decken könnte.

Noch Jahrzehnte nach Hubble hielten viele Wissenschaftler auch weiterhin an der Steady-State-Theorie fest. Doch am natürlichsten war Hubbles Erklärung, dass das Universum expandiere, und schließlich wurde sie allgemein anerkannt.

Bei unserer Suche nach den Gesetzen, die das Universum regieren, haben wir eine Reihe von Theorien oder Modellen formuliert – die Theorie der vier Elemente, das ptolemäische Modell, die Phlogistontheorie, die Urknalltheorie und so fort. Mit jeder Theorie oder jedem Modell haben sich unsere Begriffe von der Wirklichkeit und den fundamentalen Bestandteilen des Universums verändert. Betrachten wir beispielsweise die Lichttheorie. Newton dachte, das Licht bestehe aus kleinen Teilchen oder Korpuskeln. Das würde erklären, warum sich Licht geradlinig fortbewegt. Newton konnte mit dieser Theorie auch erklären, warum Licht seine Richtung ändert, also gebrochen wird, wenn es von einem Medium in ein anderes übergeht, etwa von Luft in Glas oder von Luft in Wasser.

Ein anderes Phänomen, das Newton beobachtete und das heute Newton'sche Ringe heißt, konnte die Korpuskeltheorie jedoch nicht erklären: Man lege eine

Linse auf eine reflektierende Scheibe und beleuchte sie mit Licht einer einzigen Farbe, etwa Natriumlicht. Wenn man sie nun von oben betrachtet, wird man auf der Scheibe eine Reihe heller und dunkler Ringe sehen, die konzentrisch um den Berührungspunkt der Linse mit der Scheibe angeordnet sind. Das lässt sich mit der Teilchentheorie des Lichts schwerlich erklären, wohl aber mit der Wellentheorie.

Nach der Wellentheorie des Lichts werden die hellen und dunklen Ringe durch das Phänomen der Interferenz hervorgerufen: Eine Welle, etwa eine Wasserwelle, besteht aus einer Reihe von Kämmen und Tälern. Wenn beim Zusammentreffen zweier Wellen zufällig die Kämme der einen auf die Kämme der anderen Welle treffen und Wellentäler auf Wellentäler, dann verstärken sie einander, und es entsteht eine größere Welle. Das nennen wir konstruktive Interferenz. In diesem Fall heißen die Wellen «phasengleich».

Das andere Extrem liegt vor, wenn die Kämme der einen Welle mit den Tälern der anderen zusammenfallen und umgekehrt. In diesem Fall heben sich die Wellen auf – sie sind «phasenverschoben». Bei dieser Situation spricht man von destruktiver Interferenz.

Im Falle der Newton'schen Ringe befinden sich die hellen Ringe in denjenigen Abständen vom Mittelpunkt, bei denen die Entfernung zwischen der Linse und der reflektierenden Fläche gerade so groß ist, dass die an der Unterkante der Linse und die an der Fläche reflektierte Welle um ein ganzzahliges (1, 2, 3 ...) Vielfaches ihrer

Wellenlänge gegeneinander verschoben sind und es zu konstruktiver Interferenz kommt. Die dunklen Ringe dagegen befinden sich in Entfernungen vom Zentrum, bei denen die beiden reflektierten Wellen um ein halbzahliges (1/2, 3/2 ...) Vielfaches der Wellenlänge gegeneinander verschoben sind. Dadurch kommt es zu destruktiver Interferenz – die von der Linse reflektierte Welle hebt die von der Scheibe reflektierte Welle auf.

Im neunzehnten Jahrhundert wertete man das als Bestätigung der Wellentheorie und Widerlegung der Teilchentheorie des Lichts. Doch Anfang des zwanzigsten Jahrhunderts zeigte Einstein, dass sich der photoelektrische Effekt (den sich frühe Fernseh- und moderne Digitalkameras zunutze machen) durch die Annahme erklären lässt, dass ein Lichtteilchen oder -quant auf ein Atom trifft und ein Elektron herausschlägt. Das Licht verhält sich also wie ein Teilchen und wie eine Welle.

Auf das Wellenkonzept kamen die Menschen vermutlich durch die Beobachtung des Meeres oder einer Pfütze, nachdem ein Stein hineingefallen war. Falls Sie jemals zwei Steine in eine Pfütze haben fallen lassen, sind Sie wahrscheinlich Zeuge von Interferenzphänomenen geworden. Bei der Beobachtung anderer Flüssigkeiten ist ein ähnliches Verhalten zu erkennen, ausgenommen vielleicht Wein, wenn Sie ihn zu reichlich genossen haben. Den Teilchenbegriff kannte man von Steinen, Kieseln und Sand. Doch dieser Welle-Teilchen-Dualismus – die Idee, dass sich ein Objekt sowohl als Teilchen als auch als Welle beschreiben lässt – ist der

Alltagserfahrung so fremd wie die Vorstellung, man könne einen Sandsteinbrocken trinken.

Dualitäten wie diese – Situationen, in denen zwei sehr verschiedene Theorien dasselbe Phänomen exakt beschreiben – sind mit dem modellabhängigen Realismus konsistent. Jede Theorie kann bestimmte Eigenschaften beschreiben und erklären, und von keiner Theorie lässt sich behaupten, sie sei besser oder realer als die andere. Zu den Gesetzen, die das Universum regieren, lässt sich Folgendes sagen: Es scheint so, als könne kein einzelnes mathematisches Modell, keine einzelne Theorie jeden Aspekt des Universums beschreiben. Es gibt anscheinend ein Netz von Theorien, die sogenannte M-Theorie. Jeder Theorie im Netz der M-Theorie gelingt es, die Erscheinungen innerhalb eines bestimmten Bereichs zu beschreiben. Wo sich die Geltungsbereiche überschneiden, stimmen die verschiedenen Theorien des Netzes überein, daher können sie alle als Teile derselben Theorie angesehen werden. Doch keine Theorie des Netzes kann jeden Aspekt des Universums erklären – alle Naturkräfte, die Teilchen, die diesen Kräften unterworfen sind, und das Bezugssystem von Raum und Zeit, in dem alles stattfindet.

Obwohl diese Situation nicht den traditionellen Traum der Physiker von einer einzigen vereinheitlichten Theorie erfüllt, ist sie im Rahmen des modellabhängigen Realismus akzeptabel.

SCHWARZE LÖCHER UND
BABY-UNIVERSEN

DER STURZ in ein Schwarzes Loch ist zu einem beliebten Horrorszenario der Science-Fiction geworden. Tatsächlich gehören Schwarze Löcher heute in den Bereich der wissenschaftlichen Fakten und nicht mehr nur in die Welt der Zukunftsromane. Die Beobachtungsdaten deuten nachdrücklich auf das Vorkommen zahlreicher Schwarzer Löcher in unserer eigenen Galaxis und einer noch größeren Zahl in anderen Galaxien hin.

Natürlich interessieren sich die Science-Fiction-Autoren vor allem für das, was beim Sturz in ein Schwarzes Loch geschieht. Sehr beliebt ist die Annahme, dass man bei einem rotierenden Schwarzen Loch durch eine kleine Öffnung in der Raumzeit fallen und in einer anderen Region der Raumzeit landen könnte. Das eröffnet natürlich ungeahnte Möglichkeiten für die Raumfahrt. Tatsächlich brauchen wir eine Möglichkeit wie diese, wenn wir Reisen zu anderen Sternen oder gar zu anderen Galaxien zu einem praktikablen Zukunftsunternehmen machen wollen. Da sich nichts rascher fortbewegen kann als das Licht, würde sonst die Reise zum nächsten Stern mindestens acht Jahre dauern. So viel zum Wochenendausflug nach Alpha Centauri! Könnte man dagegen durch ein Schwarzes Loch hindurchkommen, würde man vielleicht irgendwo im Universum wieder auftauchen. Unklar ist nur, wie man seinen Bestimmungsort wählt: Sie wollen Ihre Ferien im Virgo-Haufen verbringen und landen im Krebsnebel.

Es tut mir leid, dass ich die Hoffnungen künftiger galaktischer Touristen enttäuschen muss, aber dieses Szenario funktioniert nicht: Wenn Sie in ein Schwarzes Loch springen, wird es Sie zerreißen und umbringen. Doch in gewissem Sinne könnten die Teilchen, aus denen Ihr Körper besteht, in ein anderes Universum gelangen. Ich weiß allerdings nicht, ob es für jemanden, der in einem Schwarzen Loch zu Spaghetti verarbeitet wird, ein großer Trost ist, zu wissen, dass seine Elementarteilchen möglicherweise überleben.

Trotz meines etwas schnoddrigen Tons geht es in diesem Aufsatz um ernsthafte Wissenschaft. Die meisten Dinge, von denen ich hier berichte, werden von anderen Wissenschaftlern, die auf diesem Gebiet arbeiten, inzwischen anerkannt, wenn es auch lange Zeit gedauert hat, bis sich diese Zustimmung einstellte.

Obwohl das Konzept dessen, was wir heute Schwarzes Loch nennen, mehr als zweihundert Jahre alt ist, wurde die Bezeichnung erst 1967 von dem amerikanischen Physiker John Wheeler eingeführt. Das war ein Geniestreich: Der Name sorgte dafür, dass Schwarze Löcher Eingang in die Mythologie der Science-Fiction fanden, und er regte zugleich die wissenschaftliche Forschung an, weil er einen anschaulichen Begriff für etwas lieferte, was bis dahin noch keine befriedigende Bezeichnung gefunden hatte. Man darf die Bedeutung eines griffigen Namens in der Wissenschaft nicht unterschätzen.

Als Erster hat sich meines Wissens John Michell aus Cambridge mit dem Problem der Schwarzen Löcher auseinandergesetzt, als er 1783 einen Aufsatz über sie schrieb. Dort geht er folgender Idee nach: Nehmen wir an, wir schießen eine Kanonenkugel von der Erdoberfläche senkrecht nach oben. Bei ihrem Aufstieg verlangsamt sich ihre Geschwindigkeit unter dem Einfluss der Schwerkraft. Schließlich kommt die Aufwärtsbewegung zum Stillstand, und die Kugel fällt zur Erde zurück. Wenn ihre Geschwindigkeit allerdings einen bestimmten kritischen Wert übersteigt, gibt es kein Halten mehr: Sie hält in ihrer Aufwärtsbewegung nicht inne und fällt nicht zurück, sondern bewegt sich immer weiter fort. Diese kritische Geschwindigkeit bezeichnet man als Fluchtgeschwindigkeit. Sie beträgt für die Erde ungefähr elf Kilometer pro Sekunde und für die Sonne rund hundertsechzig Kilometer pro Sekunde. Beide Geschwindigkeiten sind größer als die einer echten Kanonenkugel, aber weit geringer als die Lichtgeschwindigkeit, die etwa 300 000 Kilometer pro Sekunde beträgt. Daraus folgt, dass die Schwerkraft keinen großen Einfluss auf Licht hat: Es kann der Erde oder der Sonne leicht entkommen. Doch man könnte sich, argumentierte Mitchell, einen Stern vorstellen, der eine so große Masse besitzt und so klein ist, dass die daraus resultierende Fluchtgeschwindigkeit die Lichtgeschwindigkeit übersteigt. Einen solchen Stern, schrieb Mitchell, könnten wir nicht sehen, weil das Licht von seiner Oberfläche uns nicht erreichen könnte; es würde vom Gravitationsfeld des Sterns festgehalten werden. Wir könnten die Anwesenheit dieses Sterns jedoch möglicherweise anhand der Wirkung seines Gravitationsfeldes auf Materie in seiner Nähe feststellen.

Es ist nicht ganz zulässig, das Licht wie eine Kanonenkugel zu behandeln. Nach einem Experiment aus dem Jahr 1897 bewegt sich Licht stets mit der gleichen, konstanten Geschwindigkeit fort. Wie kann die Schwerkraft dann das Licht abbremsen? Eine Theorie, die schlüssig beschreibt, wie die Schwerkraft auf das Licht einwirkt, liegt erst seit 1915 mit Einsteins Allgemeiner Relativitätstheorie vor. Indes, welche Bedeutung diese Theorie für alte Sterne und andere massereiche Körper hat, wurde erst in den sechziger Jahren allgemein erkannt.

Nach der Allgemeinen Relativitätstheorie kann man Raum und Zeit zusammen als vierdimensionalen Raum, die sogenannte Raumzeit, betrachten. Dieser Raum ist nicht flach, sondern durch die in ihm enthaltene Materie und Energie gekrümmt. Wir können diese Krümmung an der Ablenkung von Licht- oder Radiowellen beobachten, die auf ihrer Reise zu uns an der Sonne vorbeikommen. Bei Licht, dessen Bahn nahe der Sonne verläuft, ist die Ablenkung sehr gering. Doch würde die Sonne schrumpfen, bis ihr Durchmesser nur noch ein paar Kilometer betrüge, dann wäre der Beugungseffekt so groß, dass ihr Licht nicht mehr entkommen könnte – es würde von ihrem Gravitationsfeld festgehalten werden. Nach der Relativitätstheorie kann sich nichts schneller bewegen als mit Lichtgeschwindigkeit. Also wäre dies eine Region, aus der nichts entweichen kann. Eine solche Region bezeichnet man als Schwarzes Loch. Seine Grenze heißt Ereignishorizont und wird von dem Licht gebildet, dem es gerade nicht mehr gelingt, dem Schwarzen Loch zu entkommen, sodass es sich jetzt an seinem Rand in der Schwebe befindet.

Die Annahme, die Sonne könne auf einen Durchmesser von wenigen Kilometern schrumpfen, mag lächerlich erscheinen. Man möchte annehmen, Materie ließe sich nicht so weit komprimieren – und doch ist dies, wie sich zeigt, durchaus möglich. Die Sonne besitzt ihre gegenwärtige Größe, weil sie extrem heiß ist. Wie in einer unter Kontrolle gehaltenen H-Bombe verbrennt sie Wasserstoff zu Helium. Die durch diesen Prozess freigesetzte Wärme erzeugt einen Druck, der es der Sonne ermöglicht, der Anziehung der eigenen Schwerkraft zu widerstehen, die bestrebt ist, ihre Größe zu verringern.

Doch irgendwann wird der Sonne der Kernbrennstoff ausgehen. Bis dahin haben wir noch weitere fünf Milliarden Jahre Zeit, sodass es keine übermäßige Eile hat, den Flug zu einem anderen Stern zu buchen. Doch Sterne mit größerer Masse als die Sonne zehren ihren Brennstoff sehr viel rascher auf. Wenn er verbraucht ist, verlieren sie ihre Wärme und ziehen sich zusammen. Besitzen sie weniger als ungefähr die doppelte Sonnenmasse, so wird dieser Kontraktionsprozess schließlich zum Stillstand kommen – die Sterne erreichen einen stabilen Zustand. Einen dieser Zustände bezeichnet man als Weißen Zwerg. Sterne dieser Kategorie haben einen Radius von einigen tausend Kilometern und eine Dichte von einigen hundert Tonnen pro Kubikzentimeter. Ein anderer Zustand dieser Art ist ein Neutronenstern, der einen Radius von ungefähr fünfzehn Kilometern und eine Dichte von Millionen Tonnen pro Kubikzentimeter aufweist.

In der Milchstraße beobachten wir in unserer unmittelbaren Nachbarschaft eine große Zahl von Weißen Zwergen. Von der Existenz der Neutronensterne wissen wir jedoch erst seit 1967, als Jocelyn Bell und Antony Hewish von der Cambridge University die sogenannten Pulsare entdeckten, die regelmäßige Radiowellenpulse emittieren. Zunächst meinten sie, sie hätten Kontakt zu einer außerirdischen Zivilisation aufgenommen. Ich erinnere mich noch, dass der Hörsaal, in dem sie ihre Entdeckung bekanntgaben, mit «kleinen grünen Männern» aus Pappe geschmückt war. Am Ende kamen sie und alle anderen damit befassten Wissenschaftler jedoch zu der weniger romantischen Schlussfolgerung, dass es sich bei diesen Objekten um rotierende Neutronensterne handelt. Das war eine schlechte Nachricht für die Autoren von Weltraum-Western, aber eine gute Nachricht für uns kleine Schar von Leuten, die damals an Schwarze Löcher glaubten. Wenn Sterne auf einen Durchmesser von fünfzehn oder dreißig Kilometern kollabieren können und dabei zu Neutronensternen werden, dann durfte man, wie wir meinten, auch erwarten, dass andere Sterne noch weiter schrumpfen, bis sie Schwarze Löcher sind. Ein Stern mit mehr als ungefähr der doppelten Sonnenmasse kann keinen stabilen Zustand als Weißer Zwerg oder Neutronenstern annehmen. In einigen Fällen explodiert der Stern und schleudert so viel Materie in den Weltraum, dass seine Masse unter den Grenzwert absinkt. Doch das wird nicht in allen Fällen geschehen. Einige Sterne werden immer weiter schrumpfen, bis ihr Gravitationsfeld das Licht so stark beugt, dass es zum Stern zurückgelenkt wird. Ihm kann weder Licht noch etwas anderes mehr entkommen. Der Stern ist zu einem Schwarzen Loch geworden.

Die Gesetze der Physik sind zeitsymmetrisch. Wenn es also Objekte namens Schwarze Löcher gibt, in die Dinge hineinfallen und aus denen nichts entkommen kann, dann muss es andere Objekte geben, aus denen Dinge entweichen, in die aber nichts hineinfallen kann. Man könnte sie Weiße Löcher nennen. So wäre es vorstellbar, dass man an einem Ort in ein Schwarzes Loch hineinspränge und an einem anderen Ort aus einem Weißen Loch hervorkäme. Wie oben erwähnt, wäre das eine ideale Methode, um große Entfernungen im All zurückzulegen. Man müsste nur ein nahegelegenes Schwarzes Loch finden.

Zunächst schien es, als sei diese Form der Weltraum-reise möglich. Es gibt Lösungen für die Gleichungen der Allgemeinen Relativitätstheorie, nach denen man in ein Schwarzes Loch fallen und aus einem Weißen Loch herauskommen kann. Doch nachfolgende Arbeiten zeigten, dass diese Lösungen alle instabil waren. Die leiseste Störung, etwa die Anwesenheit eines Raumschiffes, muss das «Wurmloch», die Passage, die vom Schwarzen zum Weißen Loch führt, zerstören. Das Raumschiff würde von unendlich starken Kräften zerrissen werden – wie ein Holzfass, mit dem man die Niagarafälle zu überwinden versucht.

Danach schien es keine Hoffnung mehr zu geben. Schwarze Löcher mochten dazu nützlich sein, Müll loszuwerden, vielleicht auch ein paar Freunde, aber sie waren ein «Land ohne Wiederkehr». Nun stützt sich aber alles, was ich bislang dargelegt habe, auf Berechnungen nach Einsteins Allgemeiner Relativitätstheorie. Sie stimmt vorzüglich mit all den Beobachtungen überein, die wir gemacht haben. Doch wir wissen, dass sie nicht ganz richtig sein kann, weil sie das Unbestimmtheits-prinzip der Quantenmechanik nicht berücksichtigt. Nach diesem Prinzip können Teilchen nicht zugleich einen genau definierten Ort und eine genau definierte Geschwindigkeit haben. Je genauer man die Position eines Teilchens misst, desto weniger genau kann man seine Geschwindigkeit messen und umgekehrt.

1973 begann ich zu untersuchen, welche Bedeutung das Unbestimmtheitsprinzip für Schwarze Löcher hat.

Zu meiner großen Überraschung – und der aller anderen auf diesem Gebiet tätigen Wissenschaftler – stellte ich fest, dass Schwarze Löcher gar nicht vollständig schwarz sind. Sie müssen in stetiger Rate Strahlung und Teilchen emittieren. Die Ergebnisse meiner Untersuchung stießen auf allgemeine Skepsis, als ich sie auf einer Konferenz in der Nähe Oxfords bekanntgab. Der Leiter der Tagung erklärte sie für kompletten Unsinn und schrieb einen Artikel, in dem er sich entsprechend äußerte. Doch als andere meine Berechnungen wiederholten, stießen sie auf den gleichen Effekt. Am Ende musste auch der Konferenzleiter zugeben, dass ich recht hatte.

Wie kann Strahlung aus dem Gravitationsfeld eines Schwarzen Loches entweichen? Es gibt eine Reihe von Wegen, diesen Vorgang zu verstehen. Sie scheinen sehr verschieden zu sein, sind aber letztlich alle äquivalent. Eine Antwort lautet, dass sich Teilchen nach dem Unbestimmtheitsprinzip über eine kurze Strecke rascher als das Licht fortbewegen können. Das ermöglicht Teilchen und Strahlung, den Ereignishorizont zu durchqueren und dem Schwarzen Loch zu entkommen. Also gibt es doch Dinge, die aus dem Schwarzen Loch hinausgelangen können. Doch was aus einem Schwarzen Loch herauskommt, unterscheidet sich von dem, was hineingefallen ist. Nur die Energie wird die gleiche sein.

Wenn ein Schwarzes Loch Teilchen und Strahlung abgibt, verliert es an Masse. Das hat zur Folge, dass das Schwarze Loch kleiner wird und Teilchen rascher emittiert. Schließlich wird seine Masse null, und es verschwindet vollständig. Was geschieht dann mit Objekten, zum Beispiel Raumschiffen, die in das Schwarze Loch gefallen sind? Nach den Untersuchungen, mit denen ich mich in jüngerer Zeit befasst habe, würden sie in kleinen, eigenständigen Baby-Universen landen. Ein kleines, in sich geschlossenes Universum zweigt von unserer Region des Universums ab. An anderer Stelle kann sich das Baby-Universum wieder mit unserer Raumzeitregion verbinden. Wenn das der Fall ist, würde es uns als ein weiteres Schwarzes Loch erscheinen, das sich bildet und später verdunstet. Teilchen, die in das eine Schwarze Loch fielen, würden in dem anderen als von ihm emittierte Partikel wieder auftauchen und umgekehrt.

Das hört sich genau nach den Voraussetzungen an, die erforderlich sind, um Raumfahrten durch Schwarze Löcher zu ermöglichen. Sie steuern Ihr Raumschiff einfach in ein geeignetes Schwarzes Loch hinein. Suchen Sie sich besser ein großes aus, sonst verarbeiten die Gravitationskräfte Sie schon zu Spaghetti, bevor Sie in sein Inneres gelangt sind. Dann können Sie nur noch hoffen, in einem anderen Loch wieder aufzutauchen, allerdings können Sie nicht wählen, in welchem.

Leider hat dieser Entwurf eines intergalaktischen Beförderungssystems einen Haken. Die Baby-Universen, die die in das Loch fallenden Teilchen aufnehmen, bilden sich in der sogenannten imaginären Zeit. In der realen Zeit würde auf einen Astronauten, der in ein

Schwarzes Loch fiele, ein scheußliches Ende warten. Er würde durch die unterschiedlichen Gravitationskräfte, die auf seinen Kopf und seine Füße einwirken, in Stücke gerissen werden. Selbst die Teilchen, aus denen sein Körper besteht, würden nicht überleben. Ihre Geschichten würden in der realen Zeit an einer Singularität enden. Dagegen würden die Geschichten dieser Teilchen in der imaginären Zeit fortdauern. Sie würden in das Baby-Universum hinüberwechseln und als von einem anderen Schwarzen Loch emittierte Partikel wieder auftauchen. In diesem Sinne würde der Astronaut in eine andere Region des Universums befördert werden. Doch die Teilchen, die dort auftauchen, hätten kaum noch große Ähnlichkeit mit ihm. Auch die Gewissheit, dass seine Teilchen in der imaginären Zeit überlebten, wäre wohl kein großer Trost für ihn, wenn er in der realen Zeit an eine Singularität geriete. Das Motto für jeden, der in ein Schwarzes Loch fiele, müsste lauten: Denk imaginär!

Wodurch wird bestimmt, wo die Teilchen wieder auftauchen? Die Zahl der Teilchen im Baby-Universum wird gleich der Zahl der Teilchen sein, die in das Schwarze Loch gefallen sind, plus der Zahl der Teilchen, die das Schwarze Loch während seiner Verdunstung emittiert. Das heißt, die Teilchen, die in ein Schwarzes Loch fallen, kommen aus einem anderen Loch von ungefähr der gleichen Masse wieder hervor. So könnte man versuchen festzulegen, wo die Teilchen herauskommen, indem man ein Schwarzes Loch erzeugte, das die gleiche Masse hätte wie das, in dem die Teilchen verschwunden sind. Doch es könnte genauso gut sein, dass das Schwarze Loch andere Arten von Teilchen mit der gleichen Gesamtenergie abgäbe. Selbst wenn das Schwarze Loch die richtigen Teilchen emittieren würde, ließe sich nicht entscheiden, ob es wirklich die Teilchen wären, die im anderen Schwarzen Loch verschwunden sind. Teilchen haben keinen Personalausweis: Alle Teilchen einer bestimmten Art sehen gleich aus.

Dies alles bedeutet, dass der Sturz in ein Schwarzes Loch nicht zu einer verbreiteten und verlässlichen Form der Weltraumreise werden dürfte. Zunächst einmal müssten Sie in der imaginären Zeit zu einem solchen Loch gelangen und dürften sich nicht darum scheren, dass Ihre Geschichte in der realen Zeit ein garstiges Ende finden wird. Zweitens könnten Sie Ihren Bestimmungsort nicht richtig auswählen. Das wäre wie eine Reise mit einer jener Fluggesellschaften, deren Namen ich Ihnen ohne weiteres nennen könnte.

Obwohl also Baby-Universen ohne großen Nutzen für die Raumfahrt sein dürften, sind sie sehr bedeutsam für unseren Versuch, eine vollständige vereinheitlichte Theorie zu finden, die alles im Universum beschreiben kann. Unsere gegenwärtigen Theorien enthalten zahlreiche Größen wie etwa die elektrische Ladung eines Teilchens. Die Werte dieser Größen lassen sich nicht durch unsere Theorien vorhersagen. Sie müssen vielmehr in Übereinstimmung mit den Beobachtungsdaten gewählt werden. Doch die meisten Wissenschaftler sind der Auffassung, es müsse eine fundamentale vereinheitlichte Theorie geben, die die Werte aller dieser Größen vorhersagen kann.

Es ist durchaus denkbar, dass eine solche fundamentale Theorie existiert. Der zurzeit aussichtsreichste Kandidat trägt den Namen heterotischer Superstring. Man stellt sich vor, dass die Raumzeit mit kleinen Schleifen, Fadenstückchen ähnlich, gefüllt ist. Was wir uns als Elementarteilchen denken, sind nach diesem Modell in Wirklichkeit kurze Schleifen, die auf verschiedene Weisen vibrieren. Diese vereinheitlichte Theorie enthält keine Zahlen, deren Werte sich anpassen lassen. Deshalb ist von ihr zu erwarten, dass sie die Werte all der Größen vorherzusagen vermag, die von unseren gegenwärtigen Theorien nicht bestimmt werden – etwa die elektrische Ladung eines Teilchens. Obwohl wir derzeit noch nicht in der Lage sind, eine dieser Größen aus der Superstring-Theorie zu bestimmen, glauben viele, dass es uns eines Tages möglich sein wird.

Doch wenn das Bild von den Baby-Universen zutrifft, wird unsere Fähigkeit, diese Größen vorherzusagen, beschränkt bleiben. Wir können nämlich nicht beobachten, wie viele Baby-Universen es im All gibt, die darauf warten, sich mit unserer Region des Universums zu verbinden. Es könnte Baby-Universen geben, die nur einige wenige Teilchen enthalten. Man würde es gar nicht bemerken, wenn sie sich mit unserer Region verbänden oder von ihr abzweigten. Doch durch den Anschluss würden sie den scheinbaren Wert von Größen wie der elektrischen Ladung eines Teilchens verändern. Folglich könnten wir die scheinbaren Werte dieser Größen nicht vorhersagen, weil wir nicht wissen, wie viele Baby-Universen im All sind. Es könnte zu einer Bevölkerungsexplosion von Baby-Universen kommen. Doch anders als beim Menschen scheint es keine einschränkenden Faktoren wie Nahrungsversorgung oder Lebensraum zu geben. Baby-Universen existieren in ihrem eigenen Reich. Man fühlt sich ein bisschen an die Frage erinnert: Wie viele Engel können auf einer Nadelspitze tanzen?

Bei den meisten Größen scheinen Baby-Universen eine eindeutige, wenn auch ziemlich kleine Unsicherheit in die vorhergesagten Werte einzuführen. Aber sie könnten eine Erklärung für den beobachteten Wert einer sehr wichtigen Größe liefern, der sogenannten kosmologischen Konstante. Das ist ein Term in den Gleichungen der Allgemeinen Relativitätstheorie, der das Universum mit einem inhärenten Bestreben zur Expansion oder Kontraktion ausstattet. In der Hoffnung, ein Gegengewicht zu schaffen, das die Tendenz der Materie, das Weltall zur Kontraktion zu zwingen, ausgleicht, hatte Einstein ursprünglich einen sehr kleinen Wert für die kosmologische Konstante vorgeschlagen. Dieses Motiv entfiel, als man entdeckte, dass sich das Universum ausdehnt. Doch die kosmologische Konstante blieb ein schwer zu zähmender Faktor. Man könnte erwarten, dass die Fluktuationen, die sich aus den Gesetzen der Quantenmechanik ergeben, zu einer sehr großen kosmologischen Konstante führen. Doch wir können beobachten, dass sich die Expansion des Universums mit der Zeit verändert, was darauf schließen lässt, dass die kosmologische Konstante sehr klein ist, wenn auch bislang niemand befriedigend erklärt hat, warum der beobachtete Wert so niedrig ist. Doch die Abzweigungen und Anschlüsse von Baby-Universen müssen den scheinbaren Wert der kosmologischen Konstante beeinflussen. Da wir nicht wissen, wie viele Baby-Universen es gibt, sind auch verschiedene Werte für die kosmologische Konstante möglich. Immerhin wissen wir, dass ein Wert nahe null am wahrscheinlichsten wäre. Das ist ein glücklicher Umstand, denn nur wenn der Wert der kosmologischen Konstante sehr klein ist, stellt das Universum für Wesen wie uns einen geeigneten Ort dar.

Fassen wir zusammen: Es scheint, dass Teilchen in Schwarze Löcher fallen können, die dann verdunsten und aus unserer Region des Universums verschwinden. Die Teilchen gelangen in Baby-Universen, die von unserem Universum abzweigen. Diese Baby-Universen können sich an einem anderen Ort wieder mit unserem Universum verbinden. Sie dürften sich für Raumfahrtzwecke nicht eignen, aber ihr Vorkommen bedeutet, dass unsere Vorhersagefähigkeit eingeschränkter ist, als wir erwartet haben, selbst wenn wir eine vollständige vereinheitlichte Theorie finden. Auf der anderen Seite könnten wir jetzt in der Lage sein, die gemessenen Werte einiger Größen, wie der kosmologischen Konstante, zu erklären. In den letzten Jahren haben viele Forscher begonnen, über Baby-Universen zu arbeiten. Ich glaube nicht, dass einer von ihnen reich werden kann, indem er sie sich als Ziel für Weltraumreisen reservieren lässt, aber sie haben sich zu einem Forschungsgegenstand von hohem Reiz entwickelt.

Stephen Hawking mit Don Page (oben, ganz links),
Kip Thorne (unten, Dritter von links) und Jim Hartle
(unten, ganz rechts)

INFORMATIONSERHALTUNG UND WETTERVORHERSAGE FÜR SCHWARZE LÖCHER

S. W. Hawking

DAMTP, University of Cambridge, UK

ABSTRACT (KURZFASSUNG)

IN [1] WURDE VORGESCHLAGEN, dass die Auflösung des Informationsparadoxons für verdampfende Schwarze Löcher darin besteht, dass die Löcher von Feuerwänden – auslaufende Strahlungsblitze – umgeben sind, die jeden einfallenden Beobachter zerstören würden. Solche Feuerwände würden die CPT-Invarianz der Quantengravitation verletzen und scheiden offenbar auch aus anderen Gründen als Erklärung aus. Es wird eine andere Auflösung des Paradoxons vorgestellt, nämlich dass der Gravitationskollaps nur scheinbare Horizonte erzeugt, aber keine Ereignishorizonte, hinter denen die Information verloren ist. Dieser Vorschlag wird von der AdS-CFT-Dualität gestützt und stellt die einzige Auflösung des Paradoxons dar, das mit CPT verträglich ist. Der Kollaps, der zur Bildung eines Schwarzen Lochs führt, wird im Allgemeinen chaotisch verlaufen, und die duale CFT auf dem Rand des AdS wird turbulent sein. Ganz wie bei der Wettervorhersage ginge deshalb Information praktisch verloren, obwohl die Unitarität gewährleistet wäre.

Vor einiger Zeit [2] löste ich mit einer Veröffentlichung eine Kontroverse aus, die bis heute anhält. In der Arbeit führte ich aus, dass der auslaufende Zustand ein Gemisch wäre, falls es einen Ereignishorizont gäbe. Sollte das Schwarze Loch vollständig verdampfen, ohne etwas zurückzulassen, so wie die meisten Leute glauben und wie es auch die CPT-Invarianz verlangt, hätte man einen Übergang von einem reinen Anfangszustand zu einem Gemisch als Endzustand und damit den Verlust von Unitarität. Andererseits deutet die AdS-CFT-Dualität darauf hin, dass das verdampfende Schwarze Loch zu einer unitären konformen Feldtheorie auf dem Rand des AdS dual ist. Das ist das Informationsparadoxon.

In letzter Zeit ist das Interesse am Informationsparadoxon wieder erwacht [1]. Die Autoren von [1] schlagen vor, dass die konservativste Auflösung des Informationsparadoxons darin besteht, dass ein einlaufender Beobachter am Ereignishorizont auf eine Feuerwand von auslaufender Strahlung treffen würde.

Es gibt verschiedene Einwände gegen den Feuerwandvorschlag. Erstens: Falls die Feuerwand auf dem Ereignishorizont lokalisiert wäre, ist die Lage des Ereignishorizonts nicht lokal bestimmt, sondern eine Funktion der zukünftigen Raumzeit.

Ein weiterer Einwand lautet, dass Berechnungen des regularisierten Energie-Impuls-Tensors sich vor dem ausgedehnten Schwarzschild-Hintergrund im Hartle-Hawking-Zustand regulär verhalten [3, 4]. Der auslaufende strahlende Unruh-Zustand unterscheidet sich vom Hartle-Hawking-Zustand darin, dass er keine einfallende Strahlung im Unendlichen hat. Um also den Energie-Impuls-Tensor im Unruh-Zustand zu erhalten, muss man den Energie-Impuls-Tensor der einfallenden Strahlung vom Energie-Impuls im Hartle-Hawking-Zustand abziehen. Der Energie-Impuls-Tensor der einlaufenden Strahlung ist auf dem Vergangenheitshorizont singulär, auf dem zukünftigen Horizont aber regulär. Daher ist der Energie-Impuls-Tensor im Unruh-Zustand auf dem Horizont regulär. Also keine Feuerwände.

Für einen dritten Einwand nehme ich Folgendes an: Falls Feuerwände Schwarze Löcher im asymptotisch flachen Raum umgeben, dann bilden sie sich auch um Schwarze Löcher im asymptotischen Anti-de-Sitter-Raum für sehr kleine Lambda. Es ist zu erwarten, dass die Quantengravitation CPT-invariant ist. Nun möge in einem Gedankenexperiment der asymptotische Anti-de-Sitter-Raum mit Lorentz-Signatur Materiefelder enthalten, die in bestimmten Modi angeregt sind. Das ähnelt den alten Diskussionen über ein Schwarzes Loch im Kasten [5]. Nichtlinearitäten in den gekoppelten Gleichungen von Materie- und Gravitationsfeld werden zur Bildung eines Schwarzen Lochs führen [6]. Falls die Masse des asymptotischen Anti-de-Sitter-Raums oberhalb der Hawking-Page-Masse liegt, sollte ein strahlendes Schwarzes Loch die wahrscheinlichste Konfiguration sein. Unterhalb dieser Masse ist die wahrscheinlichste Konfiguration reine Strahlung.

Je nachdem, ob die Masse des Anti-de-Sitter-Raums oberhalb der Hawking-Page-Masse liegt oder nicht, wird der Raum gelegentlich von der einen in die andere Konfiguration übergehen, das heißt, das Schwarze Loch oberhalb der Hawking-Page-Masse wird gelegentlich vollkommen zerstrahlen, oder reine Strahlung wird zu einem Schwarzen Loch kondensieren. CPT zufolge ist das Zeitumgekehrte das CP-Konjugierte. Daher ist in dieser Situation das Verdampfen eines Schwarzen Lochs der zeitumgekehrte Prozess seiner Bildung (modulo CP), auch wenn sich die üblichen Beschreibungen davon sehr unterscheiden. Falls man also annimmt, dass die Quantengravitation CPT-invariant ist, sind Überbleibsel, Ereignishorizonte und Feuerwände ausgeschlossen.

Weitere Einwände gegen Feuerwände ergeben sich, wenn man vom asymptotischen Anti-de-Sitter auf Metriken übergeht, die an einen S1 × S2-Rand im Unendlichen anschließen. Es gibt zwei solche Metriken: den periodisch fortgesetzten Anti-de-Sitter-Raum und den Schwarzschild-Anti-de-Sitter. Nur der periodisch fortgesetzte Anti-de-Sitter-Raum trägt zu den Rand-Rand-Korrelationsfunktionen bei, da die Korrelationsfunktionen der Schwarzschild-Anti-de-Sitter-Metrik exponentiell in der reellen Zeit zerfallen [8, 9]. Das zeigt mir, dass die topologisch triviale periodisch fortgesetzte Anti-de-Sitter-Metrik diejenige ist, die zwischen dem Kollaps zu einem Schwarzen Loch und dem Verdampfen interpoliert. Es gäbe keine Ereignishorizonte und keine Feuerwände.

Die Abwesenheit von Ereignishorizonten bedeutet, dass es keine Schwarzen Löcher gibt – im Sinne von Bereichen, aus denen Licht nicht ins Unendliche entkommen kann. Es gibt aber scheinbare Horizonte, die für eine gewisse Zeit bestehen bleiben. Das legt nahe, Schwarze Löcher als metastabile gebundene Zustände des Gravitationsfeldes neu zu definieren. Das würde auch bedeuten, dass die CFT auf dem Rand des Anti-de-Sitter-Raums dual zum gesamten Anti-de-Sitter-Raum ist und nicht nur zu dem Bereich außerhalb des Horizonts.

Die Keine-Haare-Theoreme haben zur Folge, dass beim Gravitationskollaps der Raum außerhalb des Ereignishorizonts sich der Kerr-Metrik annähert. Innerhalb des Horizonts dagegen werden Metrik und Materiefelder sich klassisch chaotisch verhalten. Die Näherung dieser chaotischen Metrik durch eine stetige Kerr-Metrik ist letztlich für den Informationsverlust im Gravitationskollaps verantwortlich. Das chaotisch kollabierte Objekt strahlt zwar deterministisch, aber chaotisch. Die Situation ähnelt der irdischen Wettervorhersage. Die ist zwar unitär, aber chaotisch, weswegen es zum Verlust an Information kommt. Man kann auch das Wetter nur für einige Tage vorhersagen.

[1] A. Almheiri, D. Marolf, J. Polchinski, J. Sully, *Black Holes: Complementarity or Firewalls?* J. High Energy Phys. **2**, 062 (2013)

[2] S. W. Hawking, *Breakdown of Predictability in Gravitational Collapse*, Phys. Rev. D **14**, 2460 (1976)

[3] M.S. Fawcett, *The Energy-Momentum Tensor near a Black Hole*, Commun. Math. Phys. **89**, 103–115 (1983)

[4] K.W. Howard, P. Candelas, *Quantum Stress Tensor in Schwarzschild Space-Time*, Physical Review Letters **53**, 5 (1984)

[5] S.W. Hawking, *Black Holes and Thermodynamics*, Phys. Rev. D **13**, 2 (1976)

[6] P. Bizon, A. Rostworowski, *Weakly Turbulent Instability of Anti-de Sitter Space*, Phys. Rev. Lett. **107**, 031102 (2011)

[7] S.W. Hawking, D.N. Page, *Thermodynamics of Black Holes in Anti-de Sitter Space*, Commun. Math. Phys. **87**, 577–588 (1983)

[8] J. Maldacena, *Eternal black holes in anti-de Sitter*, J. High Energy Phys. **04**, 21 (2003)

[9] S.W. Hawking, *Information Loss in Black Holes*, Phys. Rev. D **72**, 084013 (2005)

DIE HAARE DER SCHWARZEN LÖCHER

Stephen Hawking und die Erforschung
der kosmischen Monster

PHYSIKERHUMOR

«SAGT EIN ASTRONAUT zum anderen: ‹Schwarze Löcher? Gibt's doch nicht!› Und schwups, ist er weg!»

Der «Witz» stammt aus einer Zeit, als in der Physik noch heftig diskutiert wurde, ob es überhaupt Schwarze Löcher gibt. Diese Diskussion wird heute nur noch von Außenseitern am Leben erhalten. Die meisten Astrophysiker sind überzeugt: Es gibt Schwarze Löcher, und sie sind sehr real. Sie lauern vor allem in den Zentren der Galaxien, also zum Beispiel im Zentrum unserer Milchstraße. Dort schluckt Sagittarius A, wie das Monster offiziell heißt, gerade einen Gasstrom, dreimal so schwer wie die Erde, der mit acht Millionen Kilometern pro Stunde auf das Milchstraßenzentrum zusaust. Irgendwann wird er weg sein, ohne Spuren zu hinterlassen. Denn das ist das Kennzeichen Schwarzer Löcher: Kein Lebenszeichen von dem, was sie verschlingen, dringt mehr nach außen.

Sagittarius A liegt im Sternbild Schütze, 25 000 Lichtjahre von unserer Sonne entfernt. Das sternschluckende Ungeheurer ist so schwer wie 4 Millionen Sonnen, aber ein Schwergewicht ist es nicht. In der Galaxie M87 zum Beispiel lauert ein gefräßiges Monster, das schon sechs Milliarden Sonnen geschluckt hat, also über tausendmal mehr. Schwarze Löcher – die echten – schlucken nach und nach alle Sterne in ihrer Umgebung, weswegen man sie auch kosmische Staubsauger nennt. Eines Tages könnte es auch uns erwischen, aber zum Glück liegt unser Sonnensystem weit weg vom Zentrum und ist damit sehr, sehr lange außer Gefahr. So weit die gute Nachricht. Eine noch bessere scheint zu sein: Stephen Hawking sagt, es gebe sie wohl doch nicht, die Schwarzen Löcher, jedenfalls nicht so, wie theoretische Physiker sie sich bislang vorgestellt haben. Vielleicht trifft beides zu. Denn nicht immer lassen sich Theorie und Realität vollständig zur Deckung bringen. Aber der Reihe nach.

DUNKLE STERNE

WAS SIND SCHWARZE LÖCHER ÜBERHAUPT? Schon Ende des 18. Jahrhunderts kam die Vorstellung auf, dass Licht ebenso wie normale Materie aus kleinen Partikeln besteht, die massiv sind. Wegen ihrer Masse unterliegen solche Partikel einer Kraft, die wir alle als Gewicht spüren, der Schwerkraft. Wie die Schwerkraft – oder Gravitation, wie man auch sagt – wirkt, war durch Isaac Newtons Forschungen seit dem letzten Drittel des

17. Jahrhunderts bekannt. Nach Newton ist sie eine universelle anziehende Kraft zwischen Massen, die über unendlich große Entfernungen wirkt. Doch je größer der Abstand wird, desto schwächer wird die Anziehung. Newton formulierte das in einem berühmten Gesetz, nach dem die Stärke dieser Kraft zwischen zwei Objekten mit dem Quadrat ihres Abstands abnimmt. Ein Gewicht von einem Kilo wiegt demnach in einer Höhe von 6500 km über dem Erdboden – also zweimal den Erdradius vom Zentrum der Erde entfernt – nur noch ein Viertel, 250 Gramm.

Die Gravitation sorgt nicht nur dafür, dass wir mit beiden Beinen auf der Erde stehen, sondern auch dafür, dass der Mond um die Erde kreist, die Erde um die Sonne und alle Objekte in Weltraum sich so verhalten, wie sie es tun.

Wenn man einen Ball in die Höhe schießt oder wirft, kommt er wieder zum Boden zurück, manchmal außerhalb des Spielfelds oder in Nachbars Garten. Wie kräftig müsste man ihn schießen, damit er nicht zurückkäme, also das Schwerefeld der Erde endgültig verlassen würde? Newtons Formel sagt: Man muss einem solchen Geschoss eine Anfangsgeschwindigkeit von 11,2 km/s mitgeben, das sind satte 40 320 Kilometer pro Stunde. Nicht einmal eine Gewehrkugel schafft das. Wohl aber Raketen, die man ins All schießt, die brauchen aber auch Hunderttausende Liter Kerosin. 11,2 km/s ist der Wert für die Erde, für andere Himmelskörper lautet er anders. Je größer die Masse eines Körpers, desto stärker «zieht» er an anderen Körpern. Deshalb nimmt die Fluchtgeschwindigkeit mit der Masse des anziehenden Körpers zu; andererseits nimmt sie mit der Entfernung von seiner Oberfläche ab. Deswegen werden Raketen meist erst von einer Umlaufbahn in den Weltraum gestartet; auf der Umlaufbahn ist die Entfernung vom Mittelpunkt der Erde, also dem Zentrum der Anziehungskraft, größer als am Erdboden, die Fluchtgeschwindigkeit damit geringer.

Umgekehrt kann man die Frage stellen: Wie groß müssen Masse und Radius eines Sterns sein, damit selbst die Lichtgeschwindigkeit nicht mehr zur Flucht reicht? Diese Überlegung stellte Ende des 18. Jahrhunderts der britische Naturforscher John Michell an. Einen solchen Stern würde man nicht sehen können, weil er sein Licht gefangen hält. Man nannte das damals «Dunkler Stern» – das Konzept eines Schwarzen Lochs war geboren.

Dann geriet die Vorstellung aber wieder in Vergessenheit, weil massive Lichtteilchen eine Weile *out* waren. Es war moderner, das Licht als Wellenerscheinung zu betrachten. Lichtteilchen wurden erst wieder mit Einstein zu Anfang des 20. Jahrhunderts salonfähig, und das ist auch die Zeit, in der das nächste Kapitel in Sachen «Dunkle Sterne» geschrieben wurde.

EINSTEIN KREMPELTE die gängige Vorstellung von Raum und Zeit völlig um. Materie bewegt sich laut Einstein nicht einfach durch einen unveränderlichen Raum in einer unveränderlichen, das heißt überall in gleicher Weise verstreichenden Zeit. Vielmehr verformt die Materie Raum und Zeit, und umgekehrt bestimmt die verformte Raumzeit, auf welchen Bahnen sich Materie bewegen kann. Dieses Wechselspiel ist das Herz der «Allgemeinen Relativitätstheorie», die Albert Einstein 1915 erstmals veröffentlichte. Das Herz ist bekanntlich ein kompliziertes Organ, und so ist das Herz der Allgemeinen Relativitätstheorie eine komplizierte Gleichung, die beschreibt, wie Materie, zum Beispiel ein massereicher Stern, die Raumzeit krümmt, und wie umgekehrt die gekrümmte Raumzeit die Bewegung der Materie bestimmt.

Man beachte, dass beim Reden über diese Dinge schon gar kein Unterschied mehr zwischen Raum und Zeit gemacht wird. Die beiden sind zur Raumzeit verschmolzen. So wie der Raum durch Massen gekrümmt wird, kann auch die Zeit gedehnt oder gestaucht erscheinen. Alles wird relativ.

Einstein hatte zwei sehr gute Gründe für diese umwälzende Neuerung. Der erste ist die Konstanz der Lichtgeschwindigkeit. Diese experimentell sehr gut bestätigte Tatsache besagt: Licht bewegt sich immer gleich schnell. Ganz gleich, ob sich die Lichtquelle oder ein Beobachter in Bewegung befinden. Sagen wir, Sie stehen im Flughafenterminal am Ende eines Laufbandes und erwarten einen Freund, der sich mit flotten 5 km/h auf Sie zubewegt. Wenn er das Laufband nimmt (und im gleichen Tempo weitergeht), ist er natürlich eher bei Ihnen, als wenn er nebenhergeht. Seine und die Geschwindigkeit des Laufbandes addieren sich. Nicht so bei Licht, sagt Einstein (und viele Experimente gaben ihm recht). Das Licht einer Taschenlampe, die Ihr Freund aufblitzen lässt, erreicht Sie nicht eher, wenn es vom Laufband aus gesendet wird. Das Licht bewegt sich sowohl auf dem Band als auch in den Augen eines danebenstehenden Beobachters immer mit rund 300 000 km/s. (Der genaue Wert ist 299 792,458 km/s.)

Die zweite Beobachtungstatsache, die Einstein seiner neuen Theorie zugrunde legte, kann man provokant so ausdrücken: Eine Schwerkraft gibt es nicht. Er meinte damit, dass es keine aus der Ferne wirkende Anziehungskraft gibt, sondern dass sich alle Gegenstände eigentlich immer und überall im Zustand des freien Falles befinden. Der mit Materie gefüllte Raum selbst bestimmt dort, wo sich etwas gerade befindet, wie es sich weiter bewegen darf. Das klingt etwas merkwürdig, wenn man auf der Erde steht und das eigene Gewicht spürt. Doch nach Einstein spüren wir als Gewicht lediglich die Kraft der Erdoberfläche, die uns daran hindert zu schweben. Wenn man aus einem Flugzeug springt, kommt man diesem Bewegungszustand schon sehr nahe. Man spürt keine Gravitation, lediglich den Luftwiderstand; die

Lufthülle setzt der Bewegung Widerstand entgegen, zum Glück weniger als der unnachgiebige Erdboden. Aber doch so viel, dass man nicht auf die Idee käme, den Sturz eines Fallschirmspringers mit dem Schweben eines Astronauten im luftleeren Raum zu vergleichen. Obwohl es sich im Grunde um denselben Bewegungszustand handelt: das Folgen der Krümmung der Raumzeit, einmal ohne, einmal mit Widerstand.

SCHWARZSCHILD FINDET DEN SCHWARZEN SCHILD

DER «DUNKLE STERN» von John Michell, seit mehr als 100 Jahren so gut wie vergessen, tauchte Anfang des 20. Jahrhunderts in anderer Gestalt wieder auf: als Voraussage der Allgemeinen Relativitätstheorie. Die Einstein'schen Feldgleichungen, die Materie und Krümmung der Raumzeit miteinander in Beziehung setzen, sind nicht leicht exakt zu lösen. Exakt bedeutet für Physiker, dass sie keine Computer brauchen (die es damals ohnehin nicht gab), sondern geschlossene Ausdrücke aufschreiben können, aus denen sich unmittelbar (mehr oder minder) die Bewegung in einem Schwerefeld ablesen lässt. Eine solche Lösung entdeckte der deutsche Astronom Karl Schwarzschild im Jahr 1916. Sie beschreibt bildlich gesprochen die Raumzeit um einen einzelnen, punktförmig gedachten Himmelskörper wie die Erde oder einen Stern. Schon Einstein selbst hatte sich an einer Lösung seiner Gleichung für zwei Himmelskörper versucht, musste sich aber mit einer Näherungslösung zufriedengeben. Diese war immerhin gut genug, um gleich zweierlei zu zeigen: In Situationen, in denen alle Geschwindigkeiten klein im Vergleich zur Lichtgeschwindigkeit sind, liefern die Einstein'schen Feldgleichungen die gute alte Newton'sche Theorie. Zweitens lieferten die ersten Korrekturen zur Newton'schen Theorie einen messbaren Effekt: eine Merkwürdigkeit in der Bahn des Planeten Merkur (die «Drehung des Merkurperihels»), die man zwar beobachten, aber im Rahmen der Newton'schen Theorie nicht erklären konnte.

Schwarzschilds geschlossene Lösung hatte mehrere Besonderheiten. Erstens ging sie von einer punktförmigen Masse aus. Mit anderen Worten, die Materie des Sterns oder sonstigen Himmelskörpers musste auf unendlich kleinem Raum vereinigt sein. Anders ausgedrückt: Der Raum krümmte sich am Ort der Masse unendlich stark in sich selbst. Physiker nennen das eine Singularität. Niemand war begeistert, dass die Einstein'schen Gleichungen Singularitäten zuließen. Aber mit punktförmigen Massen zu rechnen, waren die Physiker schon in der Newton'schen Mechanik gewohnt. Außerdem zeigten in den 1960er Jahren der junge Stephen Hawking und sein Mentor Roger Penrose, dass Einsteins Theorie unter sehr allgemeinen Voraussetzungen notwendig Singularitäten zuließ. Diese sogenannten Singularitätstheoreme – pure Mathematik, wenn man so will – waren Stephen Hawkings erste Großtat.

Eine weitere Besonderheit der Schwarzschild-Lösung offenbarte sich, wenn man Körper oder Lichtteilchen in der Schwarzschild-Metrik – so nannte man die durch seine Lösung bestimmte Raumzeit – frei schweben ließ. Sie wurden dann unweigerlich und unaufhaltsam vom punktförmigen Massezentrum angezogen. Doch selbst wenn man annahm, dass sie versuchten, dieser anziehenden Singularität wieder zu entkommen, lieferte die Schwarzschild-Lösung eine unsichtbare Grenze, jenseits deren das nicht mehr gelang. Man nennt diese Grenze Ereignishorizont oder Schwarzschild-Radius. Sie liegt wie eine unsichtbare Membran um das Massenzentrum und bestimmt die Orte ohne Wiederkehr. Denn sie ist nur in einer Richtung durchlässig, eine Einbahnstraße quasi. Ein Astronaut oder eine Rakete, die vom Zentrum angezogen wird, kann gegen die anziehende Kraft nichts mehr ausrichten, sobald sie im Inneren dieser vom Ereignishorizont begrenzten Kugel angekommen ist. Selbst Lichtstrahlen können von dort nicht mehr entkommen. Niemals. Und dieser Zusatz ist wichtig. Denn die Schwarzschild-Singularität und ihr Ereignishorizont sind ein zeitloses theoretisches Konstrukt, eine Aufteilung der gesamten Raumzeit in Singularität, Innen und Außen.

DIE FRAGE, ob diese seltsame Interpretation der Schwarzschild-Lösung tatsächlich in der Natur auftreten könne, wurde erst im Laufe der 1930er Jahre untersucht. Damals studierten die amerikanischen Theoretiker Robert Oppenheimer (derselbe, der später das Manhattan-Projekt zum Bau der ersten US-amerikanischen Atombombe leitete) und Hartland Snyder, wie eine kugelförmige Staubwolke unter ihrem eigenen Gewicht zusammenfällt – etwas, das man Gravitationskollaps nennt. Mit Hilfe von Einsteins Theorie konnten sie nachweisen, dass die Wolke sich so weit zusammenzieht, bis sie schließlich für die Außenwelt nicht mehr sichtbar ist, ganz analog zur Singularität in der Schwarzschild-Lösung. Ein ähnliches Schicksal, so bewiesen die Astrophysiker nach und nach, würden auch Sterne erleiden, wenn das nukleare Feuer in ihrem Innern, das sie wie die Sonne leuchten lässt, einmal erlischt. Dann würden sie unter der Wirkung der eigenen Gravitation zusammenfallen wie ein Haufen erkaltender Asche. Ist die Masse des Sterns nur groß genug, kann die eigene Gravitation sie so stark verdichten, dass die Sternmaterie in eine Kugel passt, deren Radius kleiner ist als der Schwarzschild-Radius. Die Überreste des Sterns befänden sich dann innerhalb der unsichtbaren halbdurchlässigen Membran. Damit wäre der Stern ein Schwarzes Loch.

Die Vermutung, es könne solche Orte im Universum

geben, die für immer unseren Blicken verborgen sind, aber mit unbändiger Kraft Materie aus ihrer Nachbarschaft in sich hineinsaugen, verdichtete sich dann in den 1960er Jahren. Quasare, extrem helle, sternartige Gebilde im Universum, die sehr weit entfernt sind, wurden damals und werden heute als extrem massereiche Schwarze Löcher gedeutet. Die Bezeichnung «Schwarzes Loch» etablierte sich erst 1967. Sie wird dem Physiker John Archibald Wheeler zugeschrieben, weil er sie erstmals in einer wissenschaftlichen Veröffentlichung verwendete. Womit er zunächst sogar Schwierigkeiten bekam, weil dem Verleger der Zeitschrift der Ausdruck zu «obszön» vorkam. Gedruckt wurde der neue Begriff aber bereits 1964 in einem populärwissenschaftlichen Bericht über eine Astrophysik-Konferenz. Dort war der Zuruf «Schwarzes Loch» aus der Zuhörermenge gekommen, als Wheeler während eines Vortrags fragte, wie man die gefräßigen Monster am besten nennen solle.

Reale Schwarze Löcher, also solche, deren Entstehen man beobachten kann, haben in der Regel eine Eigenschaft, die durch die Schwarzschild-Lösung nicht beschrieben wird: Materie stürzt auf spiralförmigen Bahnen in sie hinein. Es sieht so aus, als würde die Masse des Schwarzen Lochs rotieren und die äußere Materie quasi mitnehmen. Rotierende Schwarze Löcher sind auch insofern realistisch, als ihre Vorstufen – kollabierende Sterne – häufig selbst schon rotierten. Die Schwarzes-Loch-Liebhaber mussten nicht lange auf eine theoretische Beschreibung warten. 1963 veröffentlichte der neuseeländische Astrophysiker Roy Kerr eine Lösung der Einstein'schen Feldgleichungen, die genau diese Geometrie beschreiben: ein rotierendes Schwarzes Loch. Damit hat man zwei Größen, die den Steckbrief eines Schwarzen Lochs ausmachen: seine Masse und seinen Drehimpuls (eine Größe, die die Stärke der Rotation und den Drehsinn beschreibt). Der Vollständigkeit halber sei erwähnt, dass man einem Schwarzen Loch noch eine dritte Größe zuordnen kann, nämlich eine elektrische Ladung. Die zugehörige Metrik wurde schon 1916 und 1918 aus den Gleichungen der Relativitätstheorie hergeleitet.

SCHWARZE LÖCHER MÜSSEN NICHT ZUM FRISEUR

SCHON DAS «einfache» Schwarzschild-Loch enthält alle Zutaten, die man braucht, um die Suppe zu goutieren, die Hawking der Physik eingebrockt hat. Der Radius des Ereignishorizonts und die Masse des Schwarzen Lochs stehen in einem einfachen Verhältnis: Sie sind proportional. Verdoppelt sich die Masse, verdoppelt sich der Radius des Ereignishorizonts usw. Anschaulich gesprochen dehnt sich die unsichtbare Hülle, jenseits deren es keine Wiederkehr mehr gibt, mit jedem Stückchen Masse, das zusätzlich in das Schwarze Loch fällt, weiter aus. Schwarze Löcher im realen Raum müssten demnach immer größer und immer gefährlicher werden. Allerdings ist diese bildhafte Vorstellung mit Vorsicht zu genießen. Denn das Schwarze Loch der Theorie, die Schwarzschild-Singularität, kennt wie gesagt keinen Wandel. Die Uhren eines fernen Beobachters – zum Beispiel wir in komfortabler Entfernung vom Milchstraßenzentrum – und Uhren im Innern des Schwarzen Lochs gehen völlig verschieden und lassen sich nie miteinander vergleichen. Nehmen wir an, der Kandidat für ein Schwarzes Loch würde das letzte Stückchen Materie in sich aufsaugen. Auf den Messapparaturen der irdischen Astrophysiker dauert es unendlich lange, bis dieses Stückchen den Ereignishorizont erreicht. Auf der Uhr des Materieteilchens aber ist der Horizont in Sekundenschnelle überquert, und der Flug endet nach kurzer Zeit in der Singularität. Um festzustellen, ob ein realer Dunkler Stern, zum Beispiel Sagittarius A, tatsächlich ein Schwarzes Loch im Sinne dieser Lösung der Einstein'schen Gleichungen darstellt, müsste man buchstäblich unendlich lange messen. Was ein Ding der Unmöglichkeit ist. Deswegen kommt es gelegentlich zu Missverständnissen, wenn von Schwarzen Löchern die Rede ist. Die einen meinen dann die real beobachtbaren kosmischen Staubsauger, während die andern die zeitlosen theoretischen Konstrukte im Blick haben.

Interessanterweise ist wegen des Zusammenhangs zwischen Radius und Masse die Masse die einzige Größe, die ein Schwarzes Loch à la Schwarzschild charakterisiert. Ganz gleich, was hineinfällt, wie kompliziert und informationsreich es auch sein mag, für den Endzustand des Schwarzen Lochs interessiert lediglich der Massenzuwachs. Diese weitere verblüffende Eigenschaft Schwarzer Löcher wurde in den 1970er Jahren streng bewiesen und ließ John Archibald Wheeler ein weiteres geflügeltes Wort prägen: Schwarze Löcher haben keine Haare. Das Schwarze Loch ist quasi ein kahler Schädel, von dem keine Haare abstehen. Genau genommen steht ein Haar ab: die Masse. Und es können sogar maximal drei Haare abstehen: die Masse, der Drehimpuls und die Ladung. Mehr geht aber nicht. So glaubte man jedenfalls lange.

ENTROPIE UND INFORMATION

WENN SCHWARZE LÖCHER «haarlose» Monster sind, die durch eine einzige Zahl – ihre Masse – gekennzeichnet sind, was geschieht dann mit den vielen Daten, die sie aufsaugen? Was geschieht mit einem Astronauten, der auf ein Schwarzes Loch zufliegt? Astronauten haben im Allgemeinen selbst Haare, auf jeden Fall sind sie ein kompliziertes Gefüge aus Atomen, Molekülen und Zellen und repräsentieren damit eine gewaltige Informationsmenge. Allein die biometrischen Daten im Ausweis eines Astronauten sind erheblich umfangreicher als das, was davon bleibt: Das Schwarze Loch ändert lediglich seine Masse, sonst nichts. Man hätte sich damit zufriedengeben können zu sagen, dass die einfallende Information eben im Schwarzen Loch verschwunden, aber gut aufgehoben sei. Lediglich von außen betrachtet erscheint das Loch als harmloses Wesen, das nur Masse oder vielleicht noch Drehimpuls und Ladung hat. Trotzdem war es für Physiker interessant, über den Verbleib der Information zu spekulieren, da sie über eine Begriffsbildung verfügten, die eng mit dem Begriff der Information verknüpft ist: die Entropie.

Entropie ist ein Begriff aus der klassischen Thermodynamik und eng verbunden mit dem Namen des Physikers Ludwig Boltzmann. Er starb 1906, kurz nachdem Einstein seine ersten Überlegungen zur Relativität von Raum und Zeit veröffentlicht hatte. Seinen Grabstein auf dem Wiener Zentralfriedhof ziert eine mathematische Formel, die Boltzmann herleitete: S gleich k mal Logarithmus W. Diese Gleichung definiert die Entropie S eines «Makrozustandes» durch die Zahl der «Mikrozustände» W, die zum selben Makrozustand führen. Und damit die Zahlen nicht zu groß werden, benutzt sie einen logarithmischen Maßstab.

Was bedeutet das? Ein typischer Forschungsgegenstand der klassischen Thermodynamik ist ein Gas in einem Behälter. Das Gas besteht aus unzählbar vielen Molekülen, die wild in dem Behälter hin und her flitzen. Gut messen kann man makroskopische Größen wie Druck oder Temperatur. Dazu muss man nicht wissen, wo sich jedes einzelne Gasmolekül befindet und wie schnell es sich bewegt. Unzählbar viele Möglichkeiten für die Bewegungszustände aller Moleküle, Konfigurationen, wie die Physiker sagen, ergeben alle denselben Druck und dieselbe Temperatur. Der Logarithmus der Anzahl dieser Möglichkeiten ist die Entropie. In diesem Sinne ist die Entropie schlicht ein Maß für unsere Unkenntnis der genauen Konfiguration des Gesamtsystems. Statt Unkenntnis könnte man auch sagen: Mangel an Information. Die Entropie drückt also einen Mangel an Information aus oder so etwas wie den Informationsverlust bei Prozessen, die sich nicht rückgängig machen lassen. Schüttet man zum Beispiel kaltes Wasser in heißen Tee, verliert man die Information darüber, wo sich die heißen, schnellen Wassermoleküle befinden und wo die langsamen, kalten. Dem Informationsverlust entspricht eine Zunahme der Entropie des Gesamtsystems. Und das, so lautet ein Grundsatz der klassischen Thermodynamik, geschieht immer bei irreversiblen Prozessen, also solchen, die sich nicht rückgängig machen lassen: Die Entropie eines geschlossenen Systems kann nur zunehmen oder bestenfalls gleich bleiben.

Auch der Astronaut, der in ein Schwarzes Loch fällt, stellt einen irreversiblen Prozess dar. Denn das Loch gibt nichts zurück. Eigentlich müsste sich also die Entropie erhöhen. Doch außerhalb des Schwarzen Lochs geschieht das offensichtlich nicht. Die Welt dort hat im Gegenteil eine ganze Menge Konfigurationen verloren, den Astronauten nämlich. Um den Grundsatz von der Zunahme der Entropie zu retten, müsste also das Schwarze Loch Entropie besitzen, und diese müsste zunehmen. Doch wo könnte sie sein? Was geschieht mit der Information, die beim Sturz ins Schwarze Loch verlorengeht? Das ist der Ausgangspunkt für Spekulationen, die der israelische Physiker Jacob Bekenstein 1972 anstellte. Seine Überlegung sollte letztendlich zu einer jahrelangen Auseinandersetzung zwischen Physikern darüber führen, was mit der Information am Ereignishorizont passiert.

WIE HEISS IST EIN SCHWARZES LOCH?

BEKENSTEINS ÜBERLEGUNGEN kann man sehr vereinfacht so zusammenfassen: Die Außenwelt verliert Information, beim Übertritt durch den Ereignishorizont geht diese ins Schwarze Loch über. Was ändert sich? Die Masse des Schwarzen Lochs und damit der Radius des Ereignishorizonts. Und damit die Größe seiner Fläche. Wäre es nicht naheliegend, sich vorzustellen, dass die ins Loch fallende Information sich auf dem Ereignishorizont verteilt und ihn damit vergrößert? Dem Schwarzen Loch wäre folglich eine Entropie zuzuordnen, die der Fläche des Ereignishorizonts proportional ist. Natürlich könnte man auch vermuten, dass die Entropie direkt der Masse, also dem Schwarzschild-Radius, proportional ist oder dem vom Ereignishorizont eingeschlossenen Volumen. Doch das funktionierte nicht. Jedes Bit Information fügte der Fläche des Ereignishorizonts eine fundamentale Fläche hinzu, ein winziges Stückchen mit den Maßen Planck-Länge im Quadrat. Die Planck-Länge ist die kleinste denkbare Länge, die sich aus den Naturkonstanten der Physik zusammensetzen lässt. In Zentimetern ausgedrückt hat sie den Wert zehn hoch minus 33, also eine Eins an der 33. Stelle hinter dem Komma. Und davor nur Nullen.

Damit hatte Bekenstein etwas Geniales ins Leben gerufen: die Thermodynamik Schwarzer Löcher. Aber er hatte auch die Büchse der Pandora geöffnet. Denn jedes thermodynamische System, das eine Entropie hat, muss auch eine Temperatur haben. Bekenstein konnte sie ausrechnen. Auch sie, ebenso wie die Entropie des Schwarzen Lochs, ließ sich allein durch Eigenschaften am Ereignishorizont ausdrücken. (Sie ist der Oberflächengravitation des Schwarzen Lochs proportional.) Für «normale» Schwarze Löcher, wie sie aus schweren Sternen entstehen und sich in den Zentren der Galaxien finden, läge diese Temperatur ganz nahe beim absoluten Nullpunkt. Doch theoretisch kann man sich auch kleine Schwarze Löcher vorstellen, so winzig, dass sie richtig heiß sind. Und da lag das Problem: Körper oder Systeme, die warm sind, zumindest wärmer als ihre Umgebung, strahlen Wärme ab. Möglicherweise verdampfen sie sogar vollständig. Doch wie sollte ein Schwarzes Loch etwas abstrahlen, wenn es doch ein alles schluckendes Monster ist, dem nichts entkommen kann?

Und hier kommt, 1974 und 1975, Stephen Hawkings zweite Großtat ins Spiel. Er riss den Schwarzen Löchern Haare aus, die sie angeblich gar nicht hatten. Doch dazu brauchte er eine Theorie, die bis dato in der Physik Schwarzer Löcher noch keine Rolle gespielt hatte: die Quantentheorie.

DIE QUANTEN KOMMEN

THERMODYNAMIK UND RELATIVITÄTSTHEORIE sind klassische Theorien. Die Quantennatur der Mikrowelt spielt in ihnen keine Rolle. Diese wurde erst in den ersten drei Jahrzehnten des 20. Jahrhunderts entdeckt und entwickelt. Sie erlaubte es, Atome und ihre Bestandteile besser zu verstehen, sie beschreibt die Kernphysik und die Physik der Elementarteilchen. Auch die klassische Wärmelehre, die Thermodynamik, ließ sich auf quantentheoretische Grundlagen stellen. Grundlegende Sätze wie der von der Energieerhaltung oder der zunehmenden Entropie ließen sich sogar noch besser aus den neuen Gleichungen für die Mikrowelt verstehen bzw. ableiten. Nur die Relativitätstheorie und die Gedankenwelt der Quantenmechanik fanden nicht zusammen. Eigentlich besteht die unbefriedigende Situation heute noch: Die Gleichungen der Quantentheorie benutzen nach wie vor die überholten Begriffe von Raum und Zeit. Eine Vereinigung von Gravitationstheorie und Quantentheorie ist noch nicht befriedigend gelungen.

Andererseits war schon in den 1970er Jahren klar, dass sich Quantenwelt und Relativität gegenseitig

111

beeinflussen müssen; auch wenn niemand wusste, wie man zu einer Vereinigung der beiden großen Theorien kommen konnte.

Also versuchte Hawking herauszufinden, was Quanteneffekte an einem klassischen Schwarzen Loch bewirken könnten. Um seinen Grundgedanken zu verstehen, müssen Sie sich mit einer ziemlich unheimlichen Vorstellung vertraut machen. Überall um uns herum und in uns brodelt und knistert es von unsichtbarer Energie. Quantentheoretiker stellen sich den Grundzustand der Welt nämlich keineswegs als leeres Vakuum, als tristes Nichts vor. Eher wie die Bläschen werfende, brodelnde Oberfläche kochenden Wassers. Die Bläschen sind in dieser physikalischen Vorstellung Paare von Elementarteilchen, die einen unsichtbaren Tanz aufführen. Ähnlich wie im Stroboskoplicht eines Clubs Tänzer aufblitzen, materialisieren Teilchenpaare in der realen Welt. Sie tauchen immer als Teilchen-Antiteilchen-Paar auf, wie zum Beispiel ein Elektron und ein Positron. Das Positron gleicht dem Elektron bis aufs Haar, nur hat seine Ladung das entgegengesetzte Vorzeichen. Unser scheinbar nackter, leerer Raum enthält jederzeit und überall solche sogenannten Quantenfluktuationen. Wir bemerken nichts davon, weil das Ganze auf einer unvorstellbar kurzen und selbst mit den teuersten und besten Instrumenten nicht zugänglichen Zeitskala passiert: Teilchen-Antiteilchen-Paare entstehen und verschwinden wieder innerhalb von zehn hoch minus 44 Sekunden. Deswegen werden sie nie wirklich real. Man nennt sie deshalb auch virtuelle Teilchen.

Wenn das jedoch am Ereignishorizont eines Schwarzen Lochs geschieht, so überlegte Hawking, könnte es passieren, dass einer der Partner ins Loch fällt und der andere in die Außenwelt entkommt, bevor sie wieder im Nichts verschwinden können. Auf diese Weise würde ein virtuelles Teilchenpaar real. Messbar bliebe der eine Partner in der Außenwelt außerhalb des Horizonts zurück. Das Schwarze Loch müsste Masse verlieren, da sich sonst die Masse des Universums um die des entflohenen Teilchens vergrößern würde. Das Schwarze Loch würde also nach und nach seine Masse in Form von Strahlung abgeben. Nichts könnte diesen Prozess aufhalten, da das Vakuum mit seinen brodelnden virtuellen Teilchen fortwährend Teilchen für diesen Prozess zur Verfügung stellt. Die Hawking-Strahlung war erfunden.

Stephen Hawking hatte den Schwarzen Löchern zum ersten Mal den Garaus gemacht. Denn wenn seine Überlegungen richtig waren, würde jedes Schwarze Loch im Laufe der Zeit Energie durch die Hawking-Strahlung verlieren und letztendlich zu nichts verdampfen. Das könnte je nach Größe des Schwarzen Lochs zwar sehr lange dauern, weitaus länger sogar, als das Universum besteht, aber hier ging es ums Prinzip. Schwarze Löcher könnten sich durch Verdampfen à la Hawking letztlich wieder auflösen und ihre Energie an das restliche Universum zurückgeben. Doch dadurch entsteht ein furchtbares neues Problem:

STÜRZT EIN ASTRONAUT in ein Schwarzes Loch, so ist sein Ausweis mit den biometrischen Daten verloren; doch man konnte sich vorstellen, dass er im Schwarzen Loch gut aufgehoben war. Wer ihn wiederfinden wollte, musste sich eben gleichfalls ins Loch stürzen. Nun aber sollte das Loch verdampfen können, wieder verschwinden. Wo bleibt dann die Information? Bekommt der Astronaut seinen Ausweis (und sich selbst!) zurück? Und in welcher Form? Bleibt die Information erhalten? Die Antwort war so einfach wie erschütternd: Eine rein thermische Strahlung wie die Hawking-Strahlung konnte keine Informationen enthalten. Die Quanten der Hawking-Strahlung erscheinen rein zufällig, wie Lottozahlen ohne Zusammenhang miteinander. Die Daten würden sich nie wieder rekonstruieren lassen, die Information wäre endgültig verloren.

Diese Erkenntnis war für Physiker schwer zu schlucken. Denn sie stellte nicht mehr und nicht weniger als eine der wichtigsten Säulen der Physik in Frage: die Kausalität, das Gesetz von Ursache und Wirkung. Schon in der klassischen Mechanik ist diese Tatsache fest in ihren Grundgleichungen verankert. Eine Ursache kann nur eine Wirkung zeitigen und unter denselben Umständen immer dieselbe. Umgekehrt bedeutet das, dass man aus der Wirkung auch auf die Ursache zurückschließen können muss. Folglich erlaubt dieselbe Gleichung, mit der man die Zukunft eines Teilchens berechnen kann, auch den Weg des Teilchens in die Vergangenheit zurückzuverfolgen. Diese Bewegungsumkehr genannte Regel ist eine grundlegende Symmetrie der fundamentalen Gleichungen der Physik. (Genauer gilt eine noch umfassendere Symmetrie, die CPT-Symmetrie, die besagt, dass physikalische Prozesse unverändert ablaufen, wenn man Raum und Zeit spiegelt und das Vorzeichen der Ladung ändert.) Quantentheoretisch werden Zustände durch Wahrscheinlichkeiten beschrieben. Der Verlust der Informationen beim Sturz in ein Schwarzes Loch würde bedeuten: Der wohldefinierte Anfangszustand eines Quantensystems verwandelt sich in ein unentwirrbares Gemisch. Die ursprüngliche Information wäre völlig erratisch auf thermische Strahlung verteilt, so wie von einer Torte, die man aus dem Fenster wirft, nur noch Matsch übrig bleibt. Schlimmer noch: Die Torte lässt sich im Prinzip zumindest Molekül für Molekül rekonstruieren. Bei einem Fall ins Schwarze Loch und dessen anschließendem Verdampfen wäre das grundsätzlich nicht möglich. Das steht im Widerspruch zur sogenannten Unitarität, die, vereinfacht gesagt, die Erhaltung der Wahrscheinlichkeiten garantiert.

Der neue Sachverhalt spaltete die Physiker in zwei Fraktionen. Die einen, zu denen zunächst auch Stephen Hawking zählte, zuckten die Schultern und sagten: Dann ist es eben so, die Information geht verloren. Die Quantentheorie ist nicht das letzte Wort. Die andere Fraktion wollte eine derart schwerwiegende Verletzung der physikalischen Grundlagen nicht hinnehmen und suchte verzweifelt nach Fehlern und Auswegen. Manche Physiker stilisierten die Auseinandersetzung sogar zu einem «Krieg um das Schwarze Loch» hoch. Im Grunde waren alle Beteiligten überzeugt, dass die Schwierigkeiten in der noch nicht gelösten Vereinigung der beiden grundlegenden Theorien der Physik lagen, der Versöhnung von Gravitation und Quanten. Denn auch wenn Stephen Hawking durch Einbeziehung von Quanteneffekten auf seine Hawking-Strahlung gekommen war, handelte es sich doch um eine sehr vorläufige, näherungsweise Rechnung. Stephen Hawking ließ sich sogar auf eine Wette gegen John Preskill, einen Vertreter der Gegenseite, ein, dass er recht behalten würde. Aber es sollte fast 30 Jahre dauern, bis Hawking sich geschlagen gab. Was dann immer noch nicht sein letztes Wort war.

DIE WELT ALS HOLOGRAMM

IMMERHIN GESCHAH etwa 20 Jahre nach Hawkings Entdeckung, dass Schwarze Löcher strahlen, etwas, das die meisten Experten von Preskills Standpunkt überzeugte. Der argentinische Physiker Juan Maldacena fand einen Weg, die quantenfeldtheoretische Beschreibung der Welt mit der relativistischen zu versöhnen. Maldacena arbeitet als Stringtheoretiker an einer einheitlichen Theorie der Welt. Stringtheorien und ihre Abarten gehören neben der Schleifen-Quantengravitation derzeit zu den erfolgversprechenden Kandidaten für eine Beschreibung der Welt, die alle bekannten Kräfte, Felder und Phänomene vereinigt. Anstelle von punktförmigen Elementarteilchen arbeiten String-theorien mit winzigen Fäden (Strings), die in einem zehndimensionalen Universum zittern und zappeln. Ihre Vibrationen entsprechen vereinfacht gesagt den uns bekannten Elementarteilchen. Maldacena baute eine fünfdimensionale Welt aus Strings auf einem allgemein relativistischen Hintergrund zusammen, dem sogenannten Anti-de-Sitter-Raum (AdS). Das ist eine geschlossene Lösung der materiefreien Einstein'schen Gleichungen mit negativer kosmologischer Konstante («Lambda»). Zugleich konnte er zeigen, dass alle Vorgänge in dieser Welt sich auch aus einer quantentheoretischen Beschreibung ableiten ließen (CFT), die sich auf dem vierdimensionalen Rand dieser Welt abspielte. Wem die Dimensionen hier zu viel werden, der kann sich die Welt als das Innere einer Kugel vorstellen, auf deren zweidimensionaler Außenhaut alle Informationen der dreidimensionalen Welt gespeichert sind. So wie ein zweidimensionales Hologramm alle Informationen eines 3D-Bildes enthält. Das Faszinierende an Maldacenas Entdeckung war: Auf der zweidimensionalen Kugeloberfläche hatte die Quantentheorie die Beschreibungsmacht, während im dreidimensionalen Innern die klassische Relativität herrschte. Maldacena konnte die mathematische Beschreibung in der einen Welt eins zu eins auf die in der anderen abbilden. Sein

Regelwerk war wie ein Rezeptbuch mit klaren Anweisungen, die in beide Richtungen funktionierten. Damit war klar: Die Quantentheorie galt auch in der allgemeinrelativistischen Welt. Der Verlust von Information im Schwarzen Loch musste ein Irrtum sein.

Erleichtert nahmen viele Physiker Maldacenas Arbeit zur Kenntnis, weil die Unitarität damit gerettet schien. Allerdings war das Informationsparadox dadurch keineswegs gelöst. Denn Maldacenas Hologramm-Physik (die Experten sprechen von AdS-CFT-Dualität) sagte nichts darüber aus, wo und wie die Information beim Verdampfen des Schwarzen Lochs wieder zum Vorschein kommen könnte.

HAWKING LEUGNET DAS LOCH – ZUM ERSTEN MAL

FÜR STEPHEN HAWKING war Maldacenas Arbeit wohl auch Anlass, seinen Standpunkt zu überdenken. Jedenfalls begrub er das Kriegsbeil und erklärte auf einer Konferenz im Jahr 2004 seinen Gegenspieler John Preskill zum Wettsieger. Die Physiker auf der Konferenz im Jahr 2004 nahmen Hawkings Aufgabe erleichtert entgegen. Der Einzige, der es vielleicht nicht so leichtnahm, war John Preskill, weil sein Wettgewinn aus einer sieben Kilo schweren Baseball-Enzyklopädie bestand. Hawking gab freilich nicht auf, ohne seine eigene Erklärung für die Auflösung des Paradoxons zu liefern. Allerdings fanden die Zuhörer Hawkings Vortrag schwer nachvollziehbar. Er behauptete darin, ein Schwarzes Loch würde für einen entfernten Beobachter, der nur in unendlich ferner Vergangenheit und unendlich ferner Zukunft Messungen macht, gar nicht in Erscheinung treten, auch wenn es sich zwischenzeitlich formt und wieder verdampft. Jegliche Information, die er in Richtung Schwarzes Loch schickt, würde folglich am Ende auch wieder vorhanden sein. Er benutzte zum rechnerischen Beweis die Pfadintegral-Methode, bei der er eine Art Mittelung über ausgewählte Geometrien und Topologien der Raumzeit wie zum Beispiel die flache, ungekrümmte Raumzeit und die Schwarzschild-Metrik vornimmt. Die Pfade mit Schwarzes-Loch-Metriken erwiesen sich dabei letztlich als «nicht signifikant», führte Hawking aus. Die meisten Anwesenden auf der Konferenz verstanden seinen Vortrag nicht oder kritisierten die Annahmen, die Hawking machen musste, um seine Rechnung überhaupt durchführen zu können. Jedenfalls überzeugte Hawkings Argumentation niemanden wirklich, sodass das Informationsparadox weiterhin im Raum stand. Und zu neuen originellen Antworten führte.

DIE FEUERWAND

DIE SITUATION war also nach Hawkings Wettverlust so gut wie unverändert. Wenn das Schwarze Loch vollständig verdampfte, musste die Information irgendwo bleiben. Oder aber die Unitarität wäre verletzt und die Quantentheorie damit grundlegend verkehrt, was nach Maldacenas Arbeit niemand mehr glaubte. Andererseits konnte die Strahlung, so wie Hawking sie ursprünglich berechnet hatte, keine Informationen enthalten. Es blieben zwei Möglichkeiten: Das Loch verdampfte nicht vollständig, und die Information blieb in seinen Überresten eingeschlossen. Ein Schwarzes Loch, das nicht vollständig verdampfte, würde aber auch gegen Grundgesetze der Physik verstoßen. Es wäre keine unitäre Entwicklung. Denn aus dem Endzustand einer solchen Welt ließe sich die Vergangenheit nicht vollständig rekonstruieren. Oder aber, Alternative Nummer zwei, die Strahlung, die vom Loch ausging, musste anders berechnet werden und die verlorene Information irgendwie enthalten. Also konzentrierte man sich auf die Frage, wie die Information mit der Hawking-Strahlung wieder entweichen könnte. Eine Gruppe um den Physiker Joseph Polchinski in Santa Barbara lieferte darauf im Jahr 2012 eine vielbeachtete Antwort: Die Feuerwand. Ein Astronaut, so führte sie aus, müsste beim Sturz in das Schwarze Loch schon am Horizont in einem hochenergetischen Feuersturm atomisiert werden. Wie das?

Wenn Strahlung Information enthält, müssen die einzelnen Strahlungsquanten, seien es Teilchen oder Photonen, etwas «voneinander wissen», sie können nicht völlig unabhängig sein wie in einer rein thermischen Strahlung. In der Sprache der Quantentheorie sind sie «verschränkt». Jedes entweichende Strahlungsquant ist ohnehin mit seinem virtuellen Partner verschränkt, der ins Loch zurückstürzt, und zwar absolut «monogam» – weitere Partnerschaften wären ausgeschlossen. Würde die Abstrahlung eines Schwarzen Lochs also Information enthalten, müsste jedes entweichende Strahlungsquant mit seinem im Loch verschwundenen Partner und mit allen anderen, bereits vor ihm entwichenen Quanten quasi verheiratet sein. Doch das lässt die Quantentheorie nicht zu. Es würde bedeuten, dass eine einzige Messung dieselbe Auswirkung auf zwei räumlich getrennte Quanten hätte, eine Verdopplung von Information quasi und damit wiederum ein Widerspruch zur Eindeutigkeit der zeitlichen Entwicklung eines Systems. Dieses No-Go lässt sich dadurch umgehen, dass Verschränkungen am Horizont quasi aufgebrochen werden. Ähnlich wie beim Lösen einer chemischen Bindung oder wie bei der Spaltung eines Atomkerns setzt ein solcher Prozess die Bindungsenergie zwischen den Teilen frei. Das ist nach Polchinski die Energie der «Feuerwand», die der Astronaut zu spüren bekäme und die ihn letztlich einäschern würde. Damit würde jedwede Information schon am Horizont eines Schwarzen Lochs verbrennen, sagt Polchinski selbst. «Die Feuerwand ist das Ende des Raums, dahinter liegt nichts mehr.» Eine Vorstellung, die schon deshalb schwer zu akzeptieren ist, weil sie der landläufigen Vorstellung vom Gravitationskollaps von Sternen zuwiderläuft. Schließlich müsste sich hinter der Feuerwand zumindest noch die Masse verbergen, die das Schwarze Loch überhaupt konstituiert.

Doch es gibt eine Reihe anderer Probleme, die das Konzept «Feuerwand» mit sich bringt und auf die Stephen Hawking in der vorangestellten Arbeit hinweist. Das größte ist freilich: Mit der Feuerwand hätte man zwar den Erhalt der Information und damit die Quantentheorie gerettet, dafür aber der Allgemeinen Relativitätstheorie den Todesstoß versetzt. Denn die verlangt, dass der frei fallende Beobachter, also der ins Loch stürzende Astronaut, bis zum Aufschlag in der Singularität nichts Besonderes bemerkt. Er nimmt die Durchquerung der Horizontfläche gar nicht wahr – in krassem Gegensatz zu der dramatischen Erfahrung zu verbrennen. Deswegen behaupten Polchinski und seine Mitarbeiter auch nicht, das Informationsparadoxon gelöst zu haben. Vielmehr weisen sie darauf hin, dass man nicht alles haben kann. Entweder enthält die Abstrahlung des Schwarzen Lochs keine verlorene Information, oder der Astronaut verbrennt, oder man kann den halbklassischen Berechnungen dessen, was am Ereignishorizont passiert, nicht trauen und muss eine bessere Theorie der Quantengravitation abwarten.

DAS ETWA WAR DER Diskussionsstand, als Stephen Hawking im Sommer 2013 die nächste Bombe platzen ließ. Wenn sich der kaum noch zu Bewegungen fähige Physiker an Konferenzen oder Seminaren beteiligt, dann meist per Videokonferenz aus Cambridge. Er lässt seine Computerstimme einen zuvor abgefassten Vortrag verlesen, bedankt sich und verfolgt dann per Leitung die Diskussion. Falls es Kommentare und Fragen gibt, müssen die Fragesteller mehrere Minuten warten. Hawking braucht viel Zeit, um seine Antworten Buchstabe für Buchstabe und Wort für Wort mit Hilfe eines Unterstützers zu verfassen. Oft ist die Diskussion im Seminarraum dann schon weiter fortgeschritten, und Stephen Hawkings Stimme platzt plötzlich mit einer Antwort auf eine Frage in den Saal, die der Fragesteller schon fast vergessen hat. Auch sind Hawkings Antworten – wie schon sein Vortrag selbst – meist äußerst knapp; verständlicherweise, damit er sie überhaupt in vernünftiger Zeit zustande bekommt. All das macht die Kommunikation für alle Beteiligten sehr mühsam und lässt nicht selten Zuhörer eher ratlos zurück.

So auch diesmal. Wahrscheinlich wollte man zunächst einmal detaillierte Rechnungen abwarten, die Hawkings neue Thesen belegten. Doch die blieb er einstweilen schuldig. Ein halbes Jahr später, im Januar 2014, stellte er den Text seines Vortrags ins Netz. Er nutzte dazu einen frei zugänglichen Server, auf dem Mathematiker und Physiker gern vorab ihre Arbeiten publizieren, bevor sie begutachtet werden und (nach positiver Begutachtung) in einem gedruckten Journal erscheinen. Der einzige Unterschied des gedruckten Textes zu seinem Vortrag im Sommer 2013 bestand in einem kleinen Absatz (im vorangestellten Text kursiv gesetzt), in dem Hawking explizit sagt: «Die Abwesenheit von Ereignishorizonten bedeutet, dass es keine Schwarzen Löcher gibt – im Sinne von Bereichen, aus denen Licht nicht ins Unendliche entkommen kann.» Dieser Satz erregte Aufmerksamkeit, zumindest die der Medien. Was hatte der Meister der Schwarzen Löcher da geäußert? Es gibt sie gar nicht? Der karge Text wurde daraufhin zur Sensation. Zumal er ihn mit einer Überschrift versah, die breite Verständlichkeit suggerierte: «Erhaltung der Information und Wettervorhersage für Schwarze Löcher».

Zunächst einmal wiederholte Stephen Hawking mehr oder minder bekannte Einwände gegen die Feuerwandtheorie. Bei deren Erfindern rannte er damit offene Türen ein, denn sie hatten ja ohnehin nur auf Widersprüche aufmerksam machen wollen. Seine neue Vorstellung war ein Schwarzes Loch, genauer ein scheinbares Schwarzes Loch, das quasi zwischen zwei Zuständen hin und her schaukelt: einem strahlenden Schwarzen Loch und purer Strahlung, die sich wieder zu einem Schwarzen Loch verdichtet. Bevor die Bildung zum Abschluss kommen kann, verdampft es schon wieder und umgekehrt. Hawking beschrieb das als metastabilen gebundenen Zustand im Gravitationsfeld. Metastabil bedeutet, dass der Zustand nicht auf ewig Bestand hat, sondern schon durch kleine Störungen aus dem Gleichgewicht gebracht wird. Dennoch handelt es sich um einen gebundenen Zustand, ein Begriff aus der Quantentheorie, der bedeutet, dass man einen endlichen Energiebetrag aufbringen muss, um in einen völlig anderen Zustand zu gelangen. Zur Begründung dieser Vorstellung griff Hawking auf Arbeiten zurück, die er Anfang der 1980er Jahre mit dem kanadischen Kosmologen Don Page veröffentlicht hatte. Darin weisen die beiden nach, dass Schwarze Löcher, je nachdem wie groß ihre Masse (und damit ihre Temperatur) ist, thermodynamisch ganz unterschiedlich in Erscheinung treten können: als reine Strahlung, als teilweise verdampftes Schwarzes Loch oder als reines Schwarzes Loch. (Ähnlich wie bei einem Wassertropfen Dampf und Wasser koexistieren bzw. Wassertropfen oder Dampf allein vorherrschen können. Allerdings muss man bei dieser Analogie, vom Temperaturverlauf her, den Dampf mit dem Schwarzen Loch und den Wassertropfen mit der Strahlung identifizieren.)

WAS BEIM GRAVITATIONSKOLLAPS in der realen Welt wirklich passiert, sollte man sich nach Hawkings Überlegungen von 2013 so vorstellen: Wenn ein ausgebrannter Stern sich dermaßen verdichtet, dass er sich hinter seinen eigenen Schwarzschild-Radius zurückzieht, bildet sich ein scheinbarer Horizont, eine Art Sichtgrenze für ferne Beobachter. Aber der Vorgang wird nie abgeschlossen. Wird die Massenansammlung im Innern des scheinbaren Horizonts zu groß, verändert sich die Geometrie der Raumzeit so, dass die Abstrahlung überwiegt und das Objekt zu verdampfen beginnt. So ginge es hin und her, wie auf einer Wippe, auf der eine Kugel hin und her rollt. Was den Prozess aufrechterhält, sind Fluktuationen der Raumzeit, hervorgerufen durch die Verquickung von Quanteneffekten und Geometrie. Ob es die überhaupt gibt, ist allerdings völlig ungeklärt. Davon abgesehen wäre jedenfalls alles gut. Ein einfallender Beobachter passiert den Horizont, ohne etwas zu bemerken – die Relativität ist erfüllt. Auch ist alle Information im Prinzip zugänglich – die Unitarität ist nicht verletzt. Und es gibt keinen Zustand, aus dem man nicht auch rückwärts in der Zeit wieder zum Ausgangszustand zurückkönnte, im Prinzip zumindest – auch die CPT-Invarianz ist damit garantiert. Nur eines fehlte: der rechnerische Nachweis dieser Vorstellung.

SCHMETTERLING SCHLUCKT INFORMATION

ABER NOCH EINE KLEINE Überraschung hielt der Physiker im Rollstuhl bereit, die es ihm erlaubte, die publikumswirksame «Wettervorhersage» im Titel der Arbeit unterzubringen. Ebenso wie der Horizont ist nun auch der Informationsverlust beim Sturz ins Schwarze Loch nur scheinbar. Das Informationsparadoxon schien

damit gelöst. Aber auf die Frage, wie man die Information denn zurückgewinnen könnte, gab Hawking die
verblüffende Antwort: gar nicht. Nur theoretisch sei sie
nicht verloren, praktisch aber doch, weil unzugänglich.
Zur Begründung griff er auf ein Phänomen zurück, das
man aus dem Alltag kennt: das Wetter. Wettervorhersa-
gen werden zwar immer besser, aber wer wissen möchte, wie das Wetter im Urlaub in zwei Monaten wird,
ist ziemlich aufgeschmissen. Nahezu jeder kennt die
Redewendung «Der Flügelschlag eines Schmetterlings
in Brasilien kann einen Tornado in Texas auslösen»
oder eine ähnliche. Der Spruch bringt zum Ausdruck,
dass in der Berechnung des Wetters zwar Methode, aber
auch das Chaos steckt. Die Gleichungen, mit denen
Meteorologen Luftdruck, Windgeschwindigkeit, Temperatur und Luftfeuchtigkeit bestimmen, sind zwar bestens bekannt. Aber sie sind so kompliziert, dass schon
kleinste Fehler in den Startbedingungen zu desaströsen
Ergebnissen in der Vorhersage führen. In der Wissenschaft spricht man von deterministischem Chaos. Die
Zukunft ist durch Regeln und Gesetzmäßigkeiten, in
diesem Falle mathematische Gleichungen, im Prinzip
vorhersagbar, das heißt, man kann aus den Daten zu
einem gegebenen Zeitpunkt die Daten in der Zukunft
eindeutig bestimmen. Für eine konkrete Vorhersage
muss man also Anfangsbedingungen angeben, zum
Beispiel Temperatur und Windgeschwindigkeit zum
Zeitpunkt x an dem und dem Ort. Das Regelwerk des
Wetters, die zugehörigen Gleichungen sind aber in dem

Sinne «chaotisch», dass sie auf kleinste Änderungen in diesen Angaben äußerst empfindlich reagieren. Der Flügelschlag des Schmetterlings hier und jetzt – eine winzige Veränderung der lokalen Windgeschwindigkeit – kann dann für das Wetter in Texas in zwei Monaten den Unterschied zwischen «heiter bewölkt» und einer Sturmwarnung ausmachen.

Etwas Ähnliches könnte nach Hawking beim Gravitationskollaps eines schweren Sterns geschehen. Die eingesaugte Masse führe im Innern des scheinbaren Horizonts zu einer chaotischen Dynamik. Deren Gesetze und Gleichungen wären zwar bestens bekannt, wären kausal, unitär und deterministisch. Indessen, so vermutete Hawking, besitzen diese Gleichungen eine ähnliche Empfindlichkeit gegen Abweichungen in den Anfangsbedingungen wie die meteorologischen Grundgleichungen. Aus diesem sehr praktischen Grund dürfe man nicht erwarten, die in ein Schwarzes Loch gestürzte Information jemals wieder herausrechnen zu können. Im Prinzip sei die Information vorhanden und bestimmbar, aber praktisch nicht. Gespannt wartete man in der Science Community auf einen Beweis für diese Behauptung.

Auf jeden Fall befand sich Hawking mit seiner aufsehenerregenden Ankündigung 2013, es gebe keine Schwarzen Löcher, wieder in allerbester Gesellschaft mit demjenigen, der den Physikern den ganzen Schlamassel eingebrockt hatte: Albert Einstein. Denn der glaubte zeit seines Lebens nicht an Schwarze Löcher.

UNTERSTÜTZUNG FÜR Hawkings Vorschläge, insbesondere für seine Chaoshypothese, kam von zwei Arbeiten aus Indien und den USA, die bereits auf Hawkings Veröffentlichung Bezug nahmen und auf derselben Plattform erschienen wie sein Paper. Bekannte Namen waren allerdings nicht darunter. Die Prominenz in diesem Forschungsfeld verbreitete wohlwollende Skepsis. «Niemand weiß genau, was Hawking sagt», ließ sich beispielsweise Joseph Polchinski, der Erfinder der Feuerwand, in einer Zeitung zitieren. Er glaubte, dass Hawking bewusst mit den Medien spiele und gerne große Worte benutze. «Das ist sein persönlicher Stil.» Er dürfe das auch, weil er zu Recht als großer Physiker prominent sei.

Den Fachkollegen, so kann man ihren Reaktionen entnehmen, erschien die Frage, ob es nun Schwarze Löcher im strengen theoretischen Sinne gibt oder nicht, entweder trivial oder peripher. Dass wir im realen Weltall bestenfalls immer nur Vorstadien «echter» Schwarzer Löcher beobachten können, darf als gewiss gelten. Die Frage, ob sich dieses Vorstadium letztendlich zu einem echten Schwarzen Loch entwickelt, ließe sich definitionsgemäß erst nach unendlich langer Beobachtungszeit entscheiden. Natürlich gibt es beobachtbare Phänomene, die aussehen wie Schwarze Löcher. Und die wenigen häufig selbsternannten Experten, die das leugnen, nimmt kaum jemand ernst.

WO GENAU IST DIE INFORMATION?

OB INFORMATION in einem «echten» Schwarzen Loch oder seinem ohnehin immer nur beobachtbaren Vorstadium verlorengeht, gilt als die eigentlich interessante Frage. Und diese hielten die meisten Physiker für beantwortet, seit Maldacena die holographische Entsprechung der Welt, in der auch die Quantentheorie gilt, entdeckt hatte. Maldacenas Welt war zwar auch nur eine theoretische Konstruktion auf Basis der noch völlig ungesicherten Stringtheorie, aber den meisten Physikern ein überzeugendes Indiz, dass sich auf diese oder eine ähnliche Weise – also durch eine Art holographischer Entsprechung – die Widersprüche auflösen ließen. Selbst Hawking hatte ja damals sogleich seine Wette für die unwiederbringliche Zerstörung von Information verlorengegeben. Unbeantwortet blieb die eigentlich interessante Frage, wo die früher für vernichtet gehaltene Information im Schwarzen Loch quasi aufbewahrt wird, sodass sie, wenn das Loch – oder sein Vorstadium – wieder verschwindet, zurückgewonnen werden kann. In dieser Frage hat Stephen Hawking erneut vorgelegt.

ZURÜCK ZUM FRISEUR

IM AUGUST 2015 kündigte Stephen Hawking auf einer Konferenz in Stockholm neue Überlegungen zum Informationsparadox an, die er mit seinen Kollegen

Malcolm Perry und Andrew Strominger erarbeitet hatte. Die Arbeit stellten die drei im Januar 2016 auf der schon erwähnten Internetplattform für Wissenschaftler zur Diskussion. Seit Archibald Wheeler das Bild vom Schwarzen Loch als kahlem Schädel prägte, aus dem höchstens drei Haare – Masse, Ladung und Drehimpuls – sprießen, dient die Metapher offenbar nicht nur der populären Wissenschaftspresse als Hilfestellung zur Erklärung abgehobener theoretischer Ergebnisse. Auch Wissenschaftler greifen gern darauf zu. Jedenfalls gaben die drei ihren neuen Erkenntnissen den Titel «Weiches Haar auf Schwarzen Löchern». Selbst der Laie erahnt die Bedeutung sofort: Schwarze Löcher haben offenbar doch noch weitere Unterscheidungsmerkmale als die besagten drei. Wenn dem wirklich so ist, kann etwas mit den Voraussetzungen nicht stimmen, die zum «Keine-Haare-Theorem» führten, also dem mathematischen Äquivalent der Kahlkopfmetapher. Eine solche Unstimmigkeit fand Strominger tatsächlich schon vor Jahren. Man hatte nämlich bis dahin angenommen, dass jedes verdampfende Schwarze Loch, das durch Hawkingstrahlung allmählich immer weniger wird und schließlich verschwindet, ein und denselben Zustand hinterlässt: ein eindeutig bestimmtes Vakuum. Keineswegs ist das so, fand Strominger. Es gebe nicht nur *einen* Null-Energie-Zustand, sondern unendlich viele, sodass sich das Endstadium Schwarzer Löcher sehr wohl unterscheiden müsse. Eine solche Konstellation, die Auffächerung eines Zustands in (nicht unbedingt unendlich) viele ist Physikern keineswegs unbekannt.

KLEINER EXKURS ÜBER «SYMMETRIEBRECHUNG»

VIELE PHYSIKALISCHE SYSTEME haben mehrere «Grundzustände», die man energetisch nicht unterscheiden kann. Physiker sprechen dann von «Entartung». Einer solchen Entartung liegt immer eine Symmetrie des Systems zugrunde, also die Unveränderlichkeit oder eine Gleichartigkeit der Abläufe im System bei Drehungen, Verschiebungen oder auch abstrakteren Manipulationen. Stellen Sie sich zum Beispiel einen regelmäßig geformten Sombrero vor. Er hat einen Hügel in der Mitte und eine zwischen hochgeklappter Krempe und Hügel umlaufende Mulde. Wenn Sie den Hut exakt waagerecht aufsetzen, könnte eine Kugel, die Sie in die Mulde legen, im Prinzip unendlich viele Positionen einnehmen, die alle denselben Abstand zum Erdboden (und damit dieselbe potenzielle Energie) haben. In jeder dieser Positionen würde die Kugel liegenbleiben. Der Grundzustand des Systems «Sombrero plus Kugel» ist entartet. Die Symmetrie dahinter ist die Drehsymmetrie um Ihre Körperachse. Zerstört man diese Symmetrie durch ein äußeres Feld, eine zusätzliche Wechselwirkung, wird die Entartung aufgehoben, man kann dann die entarteten Zustände unterscheiden. Physiker sprechen in diesem Fall von «gebrochener Symmetrie».

Zum Beispiel könnten Sie den Kopf und damit den Sombrero leicht kippen. Dann gäbe es einen niedrigsten Punkt in der Mulde, zu dem die Kugel rollen würde. Oder Sie bleiben gerade stehen, befestigen aber einen kleinen Magneten an irgendeiner Stelle unterhalb der Mulde. Damit haben Sie eine bestimmte Stelle in der kreisrunden Bahn des Systems ausgezeichnet. Für eine magnetische Kugel wäre die Symmetrie zerstört, sie würde sich zu der Stelle hingezogen fühlen, wo der Magnet sitzt. Resultat: Symmetrie gebrochen, Entartung aufgehoben, das System hat einen eindeutigen Grundzustand. Alle vormals gleichberechtigten Zustände haben nun unterschiedliche Energien.

HAARIMPLANTATE FÜR SCHWARZE LÖCHER

HAWKING, PERRY UND STROMINGER haben nun gewissermaßen eine Symmetrie wiederentdeckt, die zuvor noch niemand auf Schwarze Löcher angewandt hatte: die sogenannte BMS-Symmetrie, so nach ihren Entdeckern Bondi, van der Burg, Metzner und Sachs benannt. Es ist keine einfach vorstellbare Symmetrie wie die Drehsymmetrie eines Sombreros. Auf ein Schwarzes Loch angewandt, drückt die BMS-Symmetrie die Invarianz des Systems gegenüber Verschiebungen von Lichtstrahlen am Horizont des Schwarzen Lochs aus. Solche Verschiebungen nennt man Supertranslationen. Physiker stellen sich den Horizont eines

Schwarzen Lochs gern auch als einen kugelförmigen Kranz von Lichtstrahlen vor, die aufgrund der Raumkrümmung bzw. der starken Gravitation nicht vom Fleck kommen. Da jeder Lichtstrahl rückwärts wie vorwärts unendlich lang ist, kann man ihn nach vorn oder nach hinten verschieben – eine Supertranslation –, ohne dass sich das System Schwarzes Loch ändert. Die Invarianz, also Unveränderlichkeit, des Systems gegenüber diesen Supertranslationen ist die übersehene Symmetrie, die die Entartung des Vakuums verursacht, in das ein verdampfendes Loch übergeht. Gebrochen wird diese Symmetrie durch jedes den Horizont durchquerende Teilchen. Ein geladenes Teilchen, also eine elektromagnetische Wechselwirkung, hinterlässt seine Spur auf dem Horizont des Schwarzen Lochs in Form eines Photons *verschwindender* Energie. Das rechnen Hawking, Perry und Strominger in der Arbeit vom Januar 2016 genau vor. Für eine rein gravitative Wechselwirkung, also zum Beispiel das Einlaufen einer Gravitationswelle, würde ein energieloses Graviton auf dem Horizont entstehen. Der strenge rechnerische Nachweis dieser Hypothese steht derzeit (Januar 2017) noch aus. In jedem Fall endet das Schwarze Loch in einem anderen Zustand als ein Loch, das andere Teilchen geschluckt bzw. andere Wechselwirkungen am Horizont erfahren hat. Mit jeder Wechselwirkung am Horizont, so Strominger in einem Interview, «implantiere» man dem Schwarzen Loch ein weiteres Haar. «Soft», also weich oder dünn, werden diese Haare genannt, weil sie aus Teilchen verschwindender Energie entstehen. Der Horizont, die zweidimensionale Kugeloberfläche des Schwarzen Lochs, wäre dann gewissermaßen ein Hologramm dessen, was ihm widerfahren und in seinem Inneren verschwunden ist. Am Ende müsste also jedes Schwarze Loch seinen eigenen unverwechselbaren Haarschopf haben. Und der sollte zumindest prinzipiell ausreichen, seine Geschichte zu rekonstruieren und die von ihm verschluckte Information zurückzuerhalten. Die drei Physiker haben damit der ursprünglichen Idee Bekensteins vom Horizont als Informationsspeicher, der dem Schwarzen Loch Entropie und Temperatur gibt, eine solide mikroskopische Unterfütterung gegeben. Im Prinzip jedenfalls, denn noch sind nicht alle möglichen Wechselwirkungen berücksichtigt und die quantitativen Zusammenhänge nicht vollständig nachgewiesen.

Weiterhin offen ist auch die Frage, ob es praktisch gelingen kann, die im Horizont gespeicherte Information zurückzugewinnen. Stephen Hawking bezweifelt das mit Hinweis auf die dem Wettergeschehen ähnliche Chaotik nach wie vor. Die Antwort auf diese vorerst letzte Frage steht also einstweilen im Ermessen des Wettergotts und buchstäblich in den Sternen.

ALS ICH einundzwanzig war und ALS bekam, fand ich das außerordentlich unfair. Warum gerade ich? Damals dachte ich, mein Leben sei zu Ende. Ich würde das Potenzial, das ich meiner Meinung nach hatte, niemals ausschöpfen können. Doch heute, über fünfzig Jahre danach, kann ich gelassen auf mein Leben zurückblicken und zufrieden sein. Ich war zweimal verheiratet und habe drei wundervolle, großartige Kinder. Meine wissenschaftliche Laufbahn war erfolgreich: Wohl die meisten theoretischen Physiker würden meiner Vorhersage zustimmen, dass es an Schwarzen Löchern zu einer Quantenemission kommt, obgleich ich dafür bisher noch keinen Nobelpreis bekommen habe, weil es sehr schwierig ist, sie experimentell nachzuweisen. Andererseits wurde mir für die theoretische Bedeutung dieser Entdeckung der viel wichtigere Fundamental Physics Prize verliehen.

Meine Behinderung hat meine wissenschaftliche Arbeit nicht wesentlich beeinträchtigt. Tatsächlich war sie in mancherlei Hinsicht eher von Vorteil: Ich brauchte keine Vorlesungen zu halten und keine Studienanfänger zu unterrichten, und ich musste nicht an langweiligen und zeitraubenden Institutssitzungen teilnehmen. Auf diese Weise konnte ich mich uneingeschränkt meiner Forschung hingeben.

Für meine Kollegen bin ich nur ein Physiker unter vielen anderen, doch für die Öffentlichkeit wurde ich womöglich zum bekanntesten Wissenschaftler der Welt. Das liegt zum einen daran, dass Wissenschaftler, von Einstein abgesehen, keine gefeierten Rockstars sind. Zum anderen verkörpere ich das Klischee des behinderten Genies. Auch eine Perücke und eine dunkle Sonnenbrille würden mir nichts nützen – mein Rollstuhl ist einfach zu verräterisch.

Sehr bekannt und leicht erkennbar zu sein hat seine Vor- und Nachteile. Zu den Nachteilen gehört, dass es manchmal schwierig ist, alltägliche Dinge zu tun. Ich kann nicht einkaufen, ohne von Menschen belagert zu werden, die mich um ein Foto bitten, und die Presse hat in der Vergangenheit ein geradezu unbändiges Interesse an meinem Privatleben gezeigt. Doch diese Nachteile werden von den Vorteilen mehr als aufgewogen. Menschen scheinen sich aufrichtig zu freuen, wenn sie mich sehen. Mein größtes Publikum hatte ich 2012 bei der Moderation der Paralympics in London.

Ich hatte ein gutes und erfülltes Leben. Meiner Meinung nach sollten sich behinderte Menschen auf die Dinge konzentrieren, die ihnen möglich sind, statt solchen hinterherzutrauern, die ihnen nicht möglich sind. Mir war es möglich, die meisten Dinge zu tun, die ich tun wollte. Ich bin viel gereist. Die Sowjetunion habe ich siebenmal besucht. Das erste Mal fuhr ich mit einer Studentengruppe, in der ein Mitreisender – ein Baptist – Bibeln in russischer Sprache ins Land zu schmuggeln versuchte, die er dort verteilen wollte. Er bat uns, ihm dabei zu helfen. Zunächst gelang uns das auch unbemerkt, doch dann waren uns die Behörden auf die Schliche gekommen, und bei der Ausreise wurden wir eine Zeitlang festgehalten. Doch eine offizielle Anklage wegen Bibelschmuggels hätte einen internationalen Skandal und einen unwillkommenen Pressewirbel ausgelöst, und so ließ man uns nach ein paar Stunden gehen. Die übrigen sechs Besuche dorthin unternahm ich, um russische Wissenschaftler zu treffen, die nicht in den Westen reisen durften. Nach 1990, als die Sowjetunion zusammenbrach, zog es die besten Wissenschaftler in den Westen. Seither war ich nicht mehr in Russland.

In Japan war ich sechsmal, in China dreimal. Mit Ausnahme Australiens habe ich, einschließlich der Antarktis, jeden Kontinent bereist. Ich habe die Präsidenten Südkoreas, Chinas, Indiens, Chiles und der Vereinigten Staaten kennengelernt. In der Großen Halle des Volkes in Peking und im Weißen Haus habe ich Vorträge gehalten. In einem U-Boot bin ich getaucht, in einem Heißluftballon geflogen, und ich nahm sogar an einem Schwerelosigkeitsflug teil. Außerdem habe ich bei Virgin Galactic einen Flug ins Weltall gebucht.

In meinen frühen Arbeiten legte ich dar, dass die

In der Schwerelosigkeit

Allgemeine Relativitätstheorie am Urknall und an Schwarzen Löchern scheitert. Später zeigte ich, wie die Quantentheorie voraussagen kann, was am Beginn und am Ende der Zeit geschieht. Es war wunderbar, in dieser Zeit zu leben und auf dem Gebiet der theoretischen Physik zu forschen. Falls ich etwas zum Verständnis unseres Universums beitragen konnte, wäre mein Glück vollkommen.

NACHWEISE

TEXTE

Kindheit; St. Albans; Oxford; aus: Meine kurze Geschichte, aus dem Englischen von Hainer Kober, Reinbek 2013, S. 9–50.

Meine Erfahrung mit ALS; aus: Einsteins Traum, aus dem Englischen von Hainer Kober, Reinbek 1996, 9. Auflage 2008, S. 33–39.

Was ist Wirklichkeit? Aus: Der große Entwurf, aus dem Englischen von Hainer Kober, Reinbek 2010, S. 37–59.

Schwarze Löcher und Baby-Universen; aus: Einsteins Traum, aus dem Englischen von Hainer Kober, Reinbek 1996, 9. Auflage 2008, S. 113–127.

Informationserhaltung und Wettervorhersage für Schwarze Löcher; aus: Schwarze Löcher gibt es nicht. Mit einer Erläuterung von Bernd Schuh, Reinbek (rowohlt rotation) 2014. Aus dem Englischen von Bernd Schuh. Original: Information Preservation and Weather Forecasting for Black Holes; publiziert auf der Wissenschaftsplattform ArXiv 2013; Copyright © 2014 by Stephen Hawking.

Bernd Schuh, Die Haare der Schwarzen Löcher. Stephen Hawking und die Erforschung der Milchstraßen-Monster; aktualisierte und erweiterte Fassung des Essays «Scheinriese am Horizont», aus: Schwarze Löcher gibt es nicht. Mit einer Erläuterung von Bernd Schuh, Reinbek (rowohlt rotation) 2014.

Keine Grenzen; aus: Meine kurze Geschichte, aus dem Englischen von Hainer Kober, Reinbek 2013, S. 145–150.

ABBILDUNGEN

wurde 1942 in Oxford geboren, genau 300 Jahre nach dem Tod von Galileo Galilei. Er studierte in Oxford und ging 1962 als Doktorand nach Cambridge. Im selben Jahr erfuhr der junge Student, dass er an einer unheilbaren Motoneuronen-Erkrankung leide und nur noch wenige Monate zu leben habe. Die Diagnose lautete auf amyotrophe Lateralsklerose (ALS), eine degenerative Erkrankung des motorischen Nervensystems. Trotz dieses schrecklichen Befundes setzte er seine Studien fort. An der Universität Cambridge ließ man ihm bald freie Hand für seine einflussreichen Arbeiten über Kosmologie, Allgemeine Relativitätstheorie und insbesondere die Physik der Schwarzen Löcher.

Dreißig Jahre lang, von 1979 bis 2009, war Stephen Hawking «Lucasischer Professor für Mathematik» im Fachbereich für angewandte Mathematik und theoretische Physik. Für seine Beiträge zur modernen Kosmologie hat er zahlreiche Auszeichnungen erhalten, darunter 2009 die US Presidential Medal of Freedom und 2013 der Special Fundamental Physics Prize, der höchstdotierte Preis im Bereich der Wissenschaften. Zu seinen populärwissenschaftlichen Büchern gehören der Weltbestseller *Eine kurze Geschichte der Zeit*, die Aufsatzsammlung *Einsteins Traum*, *Das Universum in der Nussschale*, *Die kürzeste Geschichte der Zeit* und *Der große Entwurf*. 2013 erschien die Autobiographie *Meine kurze Geschichte*.

Gleichzeitig mit diesem Buch erscheint von Stephen Hawking:

Haben Schwarze Löcher keine Haare?
Zwei Vorträge. Mit einem Vorwort und Erläuterungen von David Shukman
Aus dem Englischen von Hainer Kober
64 Seiten. 10 Euro, ISBN 978 3 498 09188 0
E-Book 9,99 Euro, ISBN 978 644 00053 7

Sie sind eines der größten Rätsel im Universum: Schwarze Löcher, kollabierte Sterne, deren Anziehungskraft so groß ist, dass sie alles in sich hineinziehen, was in ihren Einflussbereich gelangt. Stephen Hawking hat sich ein Leben lang mit ihnen beschäftigt. Denn sie sind eine Existenzfrage. Wenn an ihnen sogar Raum und Zeit enden und niemand sagen kann, was aus all dem wird, was sie verschlucken – was ist dann noch sicher, welche unserer Naturgesetze gelten dann noch? Oder geben sie am Ende doch wieder etwas her?

In diesen kurzen Lektionen, im Rahmen der renommierten Reith-Lectures von BBC Radio 4 vorgetragen, zieht der berühmteste Physiker der Welt eine kurze Bilanz seiner Beschäftigung mit den Schwarzen Löchern, die Bilanz eines Lebenswerkes.